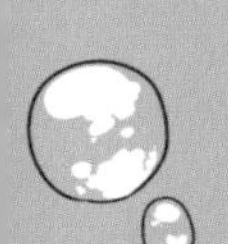

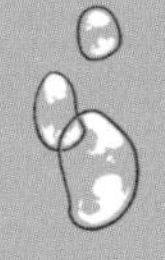

海洋动物爆笑漫画

# 我太爱海洋馆了

[日] 松尾虎鲸 文/图　肖潇 译

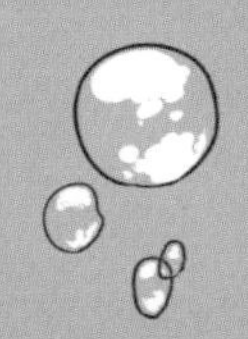

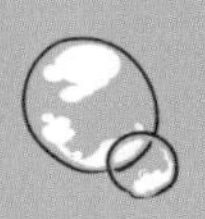

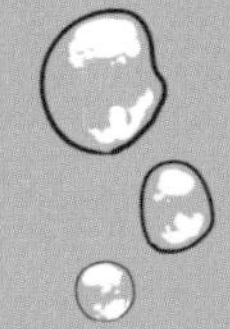

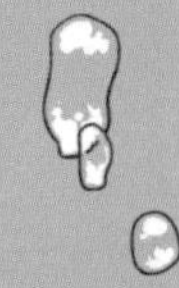

# 前 言

大家好！
我是本书的
作者
松尾虎鲸。
提到海洋馆，
你们会想到
什么呢？
波光粼粼的
清澈水池，
大海里的
动物明星，
饲养员
和动物的
趣味互动，
海洋馆里的
乐趣说都
说不完！

我敢保证，
读完本书，
你一定会想去
海洋馆看看！
为本书
做讲解的是
虎鲸妹妹
小鲸，
那我们
就出发吧！
还有虎鲸哥哥
小虎。
我也一起去！
我们一起去
海洋馆里，
看看动物明星们
的多彩生活吧！
耶！

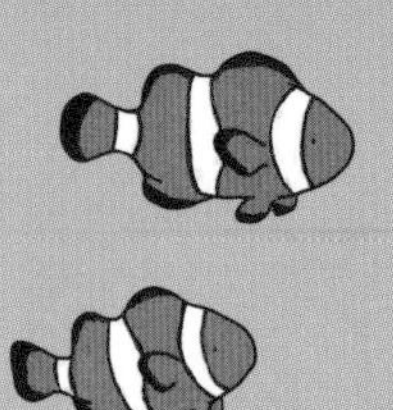

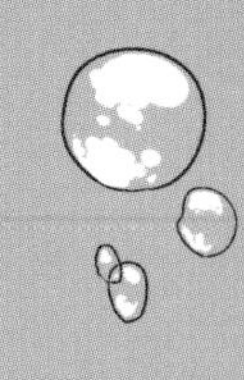

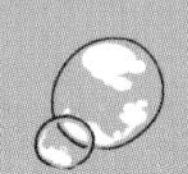

海洋动物爆笑漫画

# 我太爱海洋馆了

## 目 录

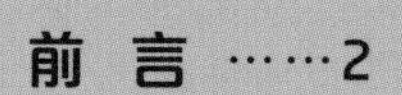



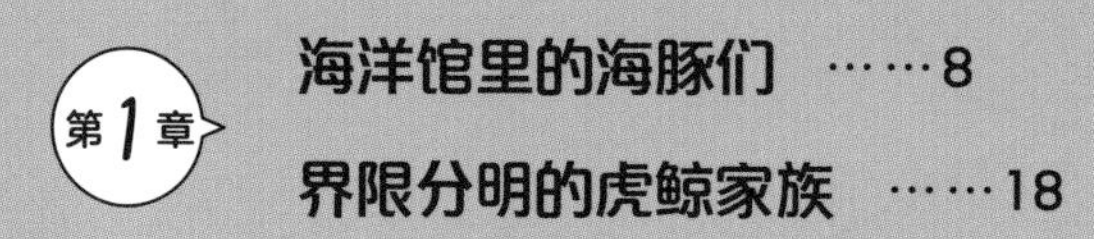

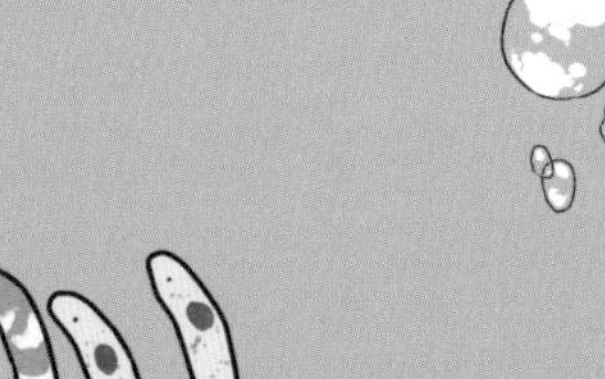

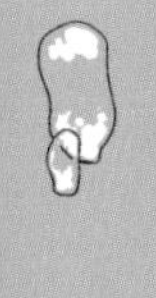

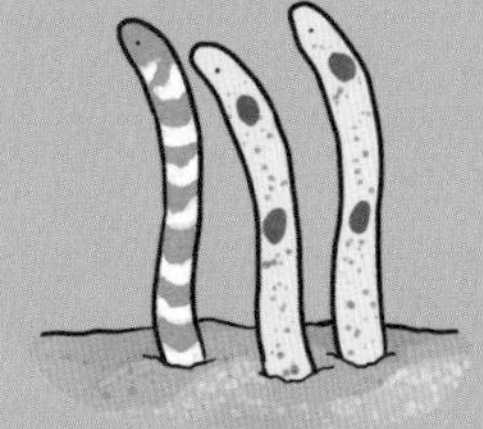

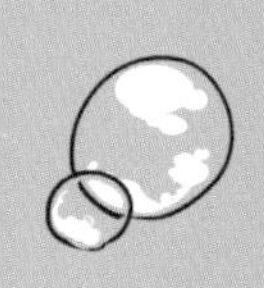

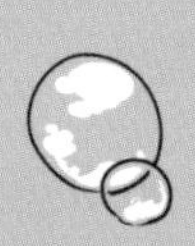

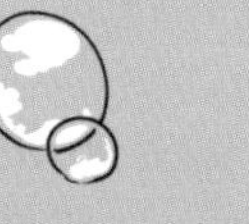

海洋动物爆笑漫画

# 我太爱海洋馆了

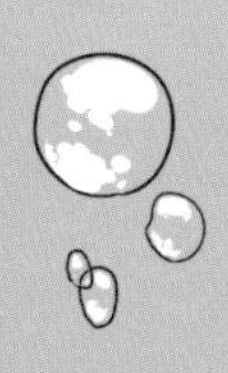

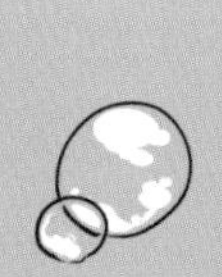

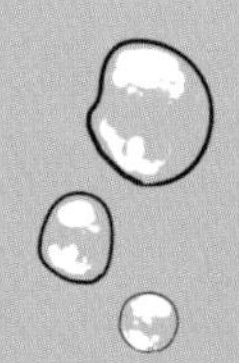

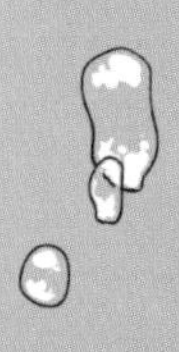

# 第1章

# 海洋馆里的海豚们

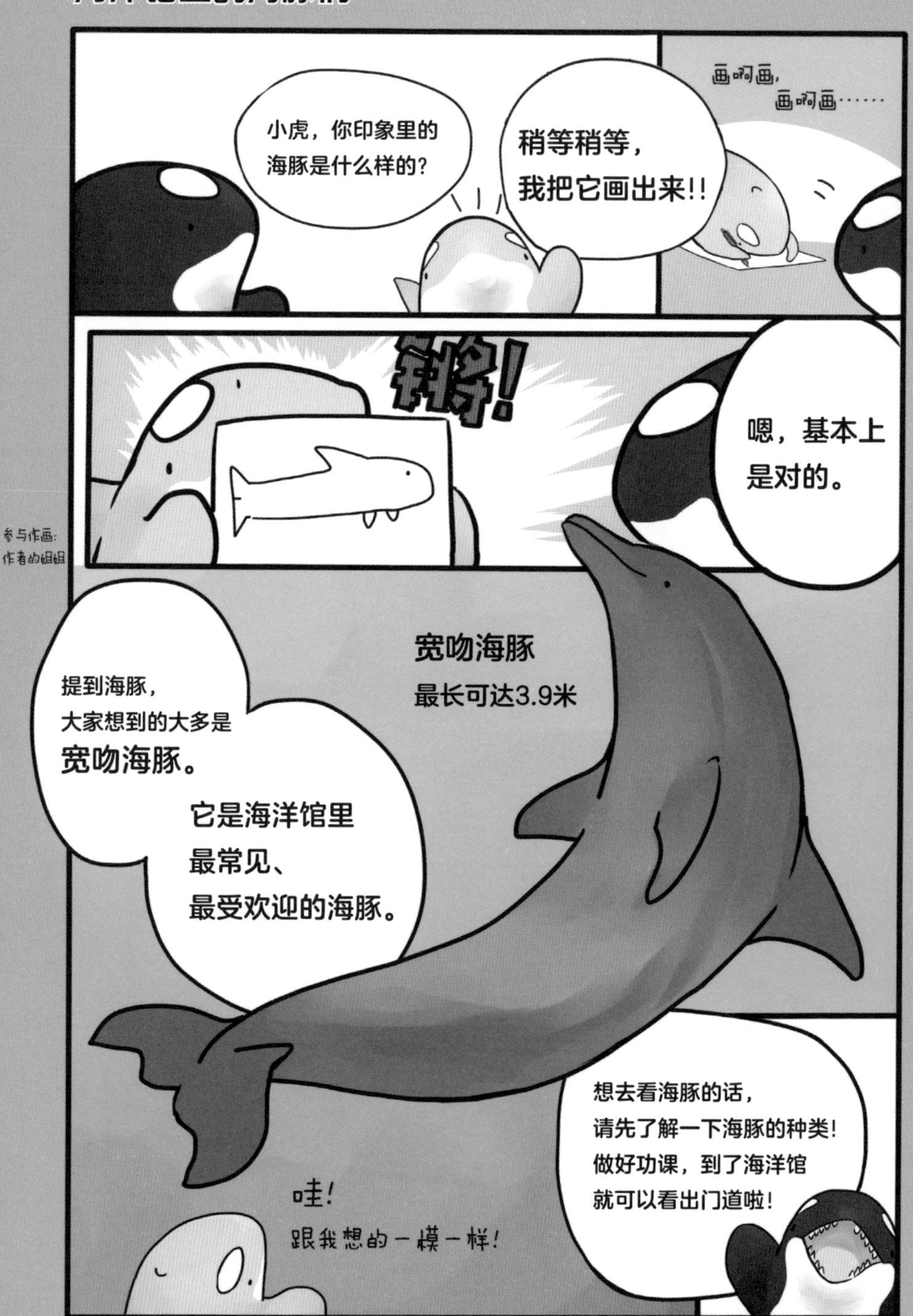
小虎，你印象里的海豚是什么样的？
稍等稍等，我把它画出来!!
画啊画，画啊画……
嗯，基本上是对的。
参与作画：作者的姐姐
提到海豚，大家想到的大多是宽吻海豚。
它是海洋馆里最常见、最受欢迎的海豚。
宽吻海豚
最长可达3.9米
想去看海豚的话，请先了解一下海豚的种类！做好功课，到了海洋馆就可以看出门道啦！
哇！跟我想的一模一样！

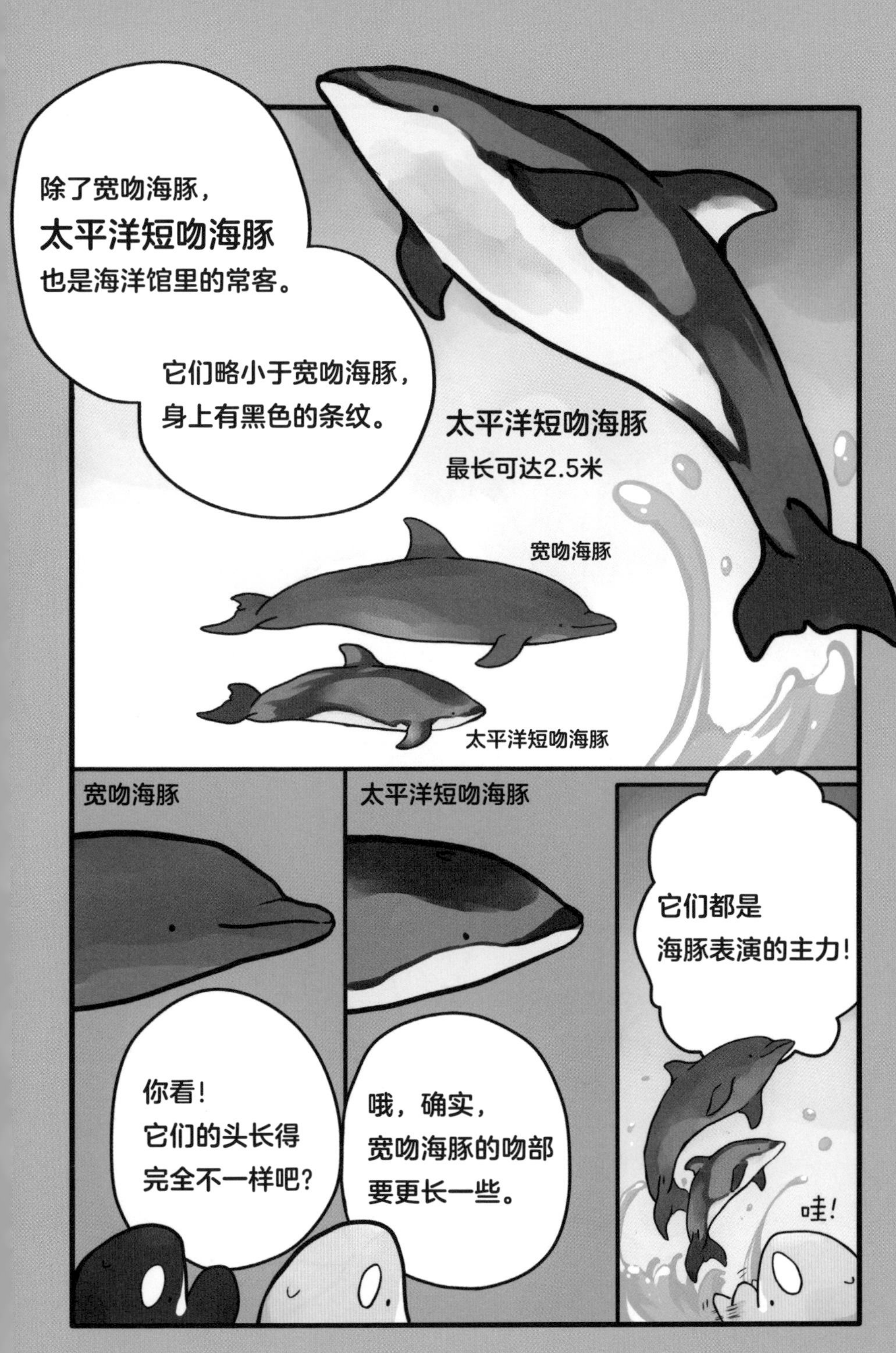
除了宽吻海豚，
太平洋短吻海豚
也是海洋馆里的常客。
它们略小于宽吻海豚，
身上有黑色的条纹。
太平洋短吻海豚
最长可达2.5米
宽吻海豚
太平洋短吻海豚
宽吻海豚
太平洋短吻海豚
你看！
它们的头长得
完全不一样吧？
哦，确实，
宽吻海豚的吻部
要更长一些。
它们都是
海豚表演的主力！
哇！

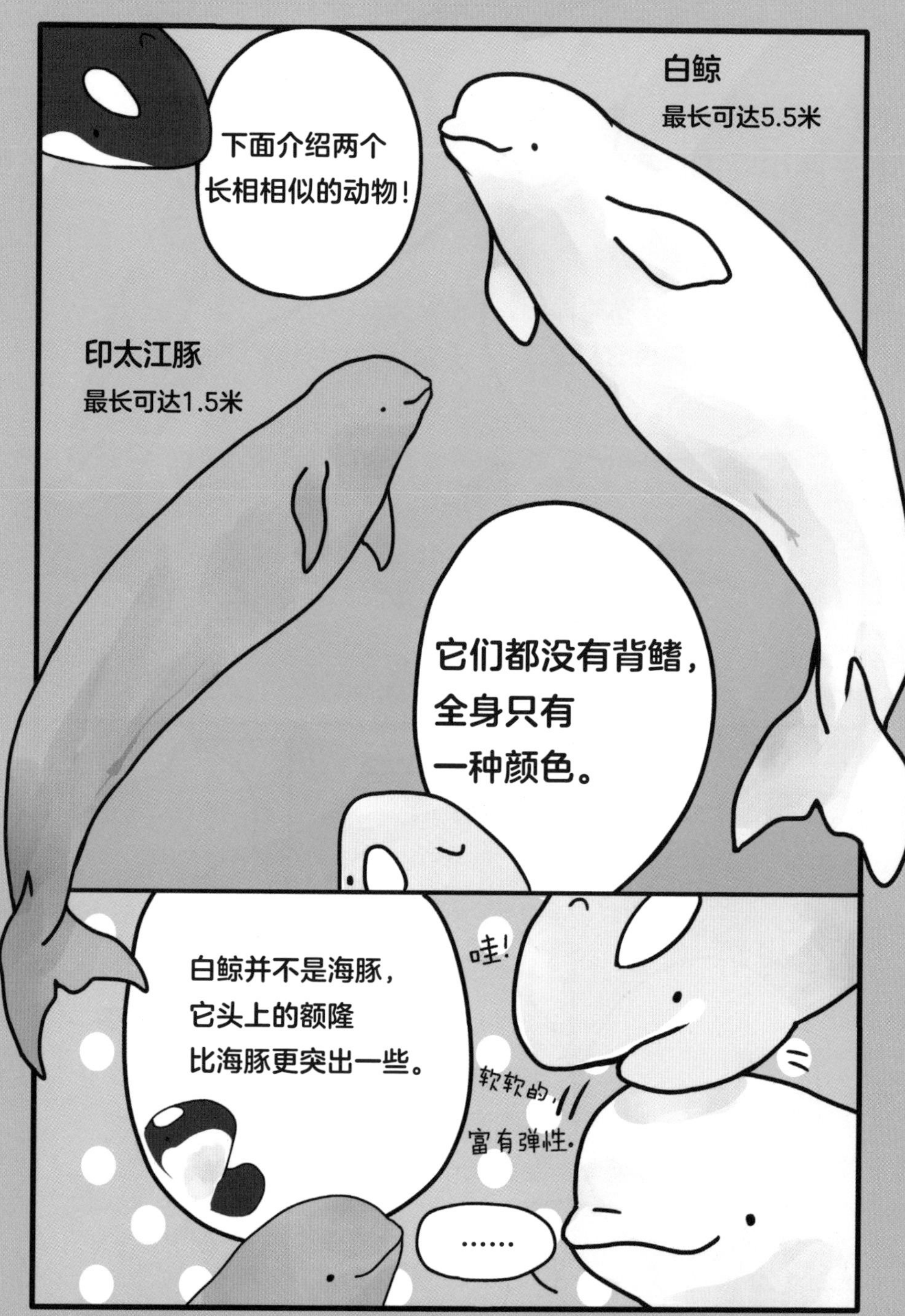

下面介绍两个长相相似的动物！
白鲸
最长可达5.5米
印太江豚
最长可达1.5米
它们都没有背鳍，全身只有一种颜色。
白鲸并不是海豚，它头上的额隆比海豚更突出一些。
哇！
软软的，
富有弹性。
……

额隆：指鲸和海豚前额的脂肪组织，用来接收声波信号。

哇！这个好特别！
花斑喙头海豚的斑纹很可爱。
花斑喙头海豚
最长可达1.75米
它也是黑白两色，长得很像虎鲸，是我们的亲戚吗？
不对不对！完全不对！
左拍拍！
右拍拍！
你看！
别这样，人家会烦的！
庞大！
好小！
虎鲸宝宝
因为就算是虎鲸宝宝也有2米长！
花斑喙头海豚也被称为“熊猫海豚”。
虽然黑白斑纹看着很亲切，但大小跟我们完全不一样！
还真是，比我们小多了。

## 海洋馆里的海豚们

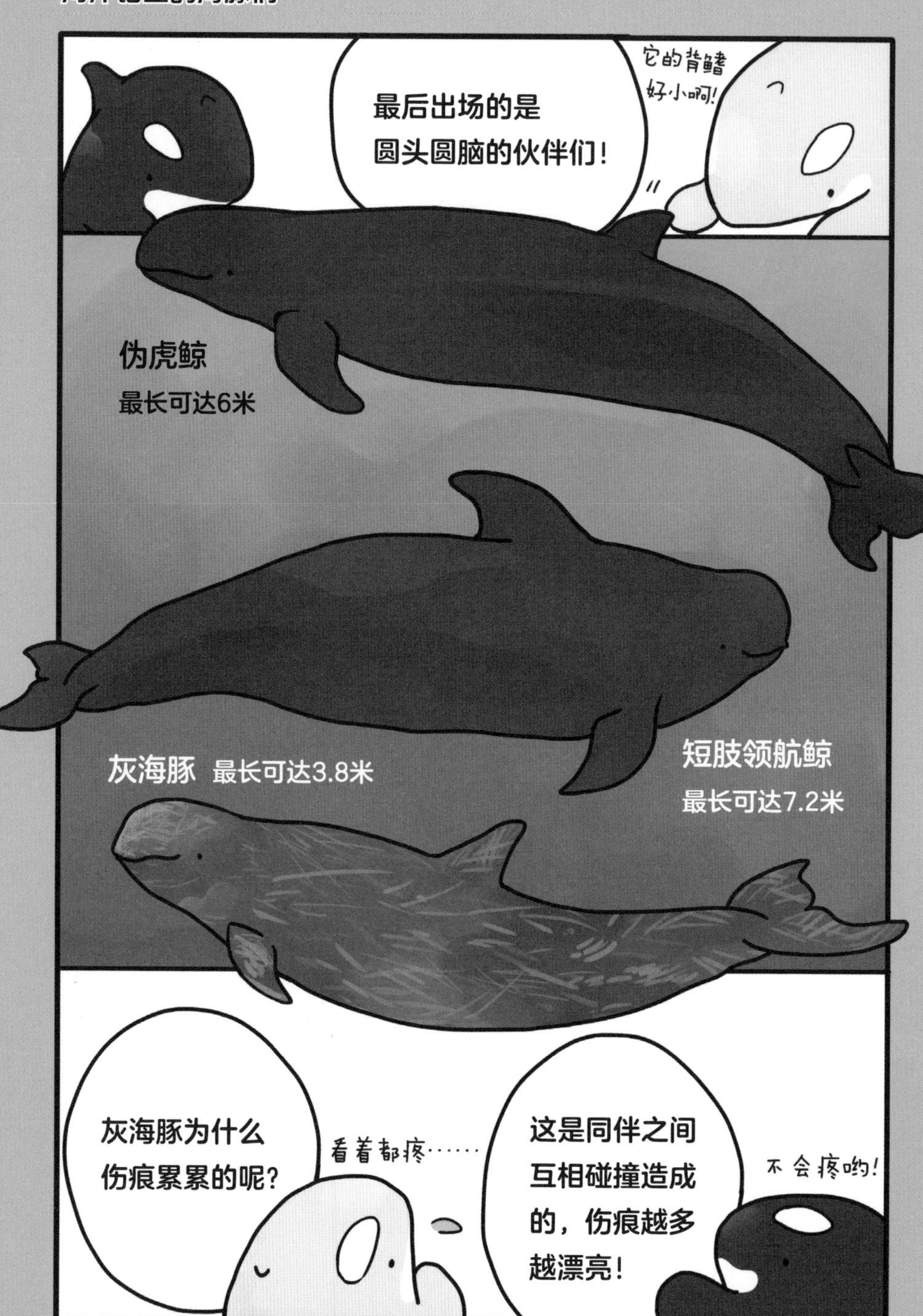

最后出场的是
圆头圆脑的伙伴们！
它的背鳍好小啊！
伪虎鲸
最长可达6米
短肢领航鲸
最长可达7.2米
灰海豚 最长可达3.8米
灰海豚为什么
伤痕累累的呢？
看着都疼……
这是同伴之间
互相碰撞造成
的，伤痕越多
越漂亮！
不会疼哟！

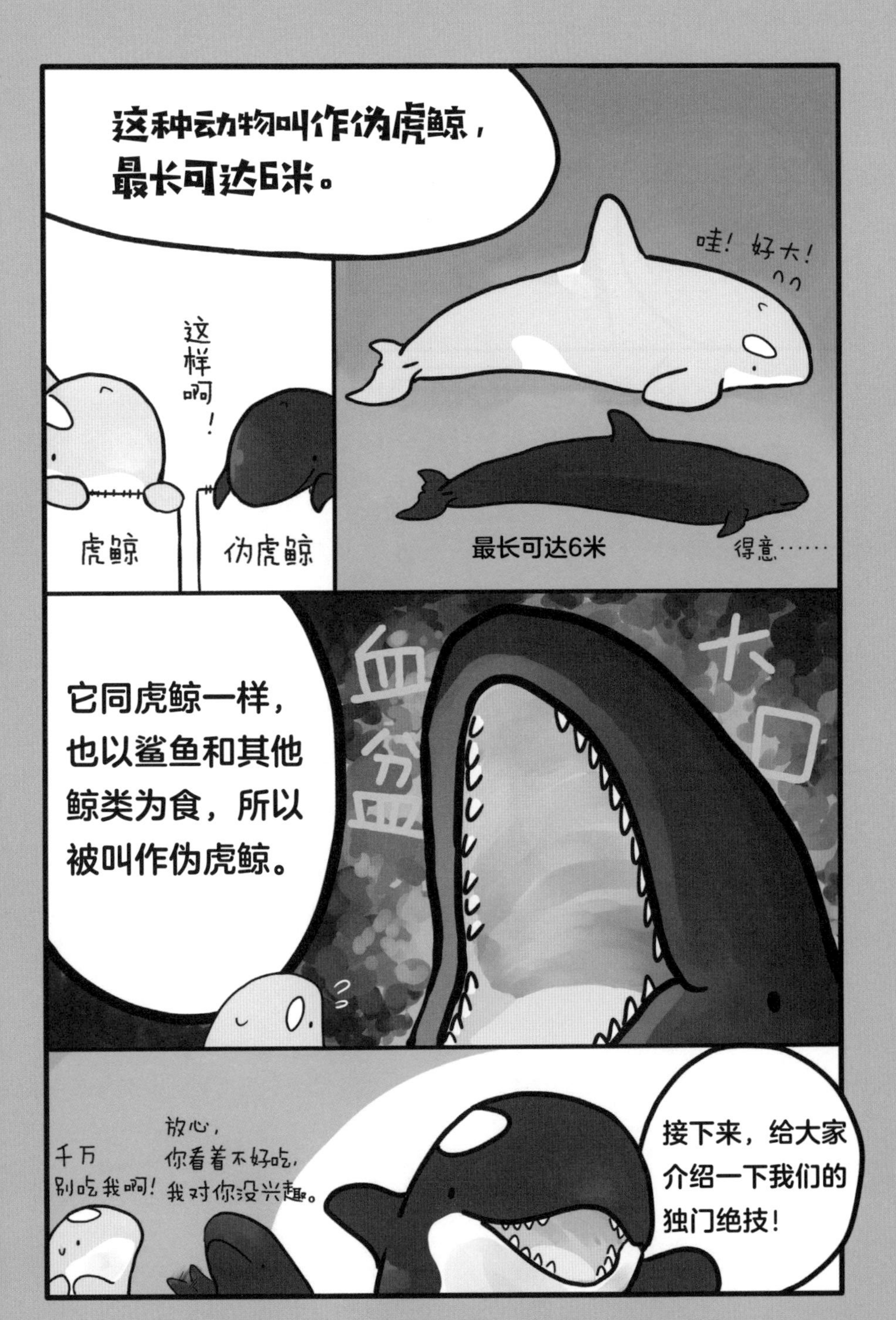
这种动物叫作伪虎鲸，
最长可达6米。
这样啊！
虎鲸
伪虎鲸
哇！好大！
最长可达6米
得意……
它同虎鲸一样，
也以鲨鱼和其他
鲸类为食，所以
被叫作伪虎鲸。
血盆大口
接下来，给大家
介绍一下我们的
独门绝技！
放心，
你看着不好吃，
我对你没兴趣。
千万
别吃我啊！

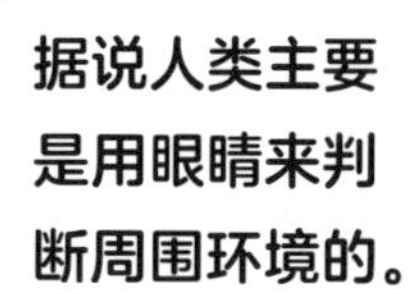

据说人类主要是用眼睛来判断周围环境的。

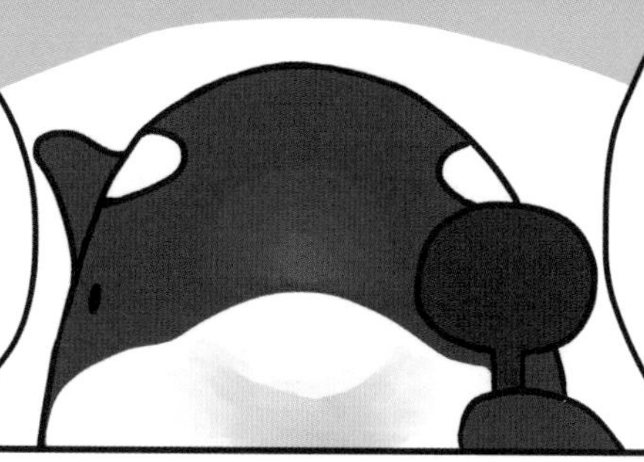

也就是说，大多数情况下都要依赖眼睛看到的信息。

原来如此，怪不得人类发明了许多与眼睛相关的用品。

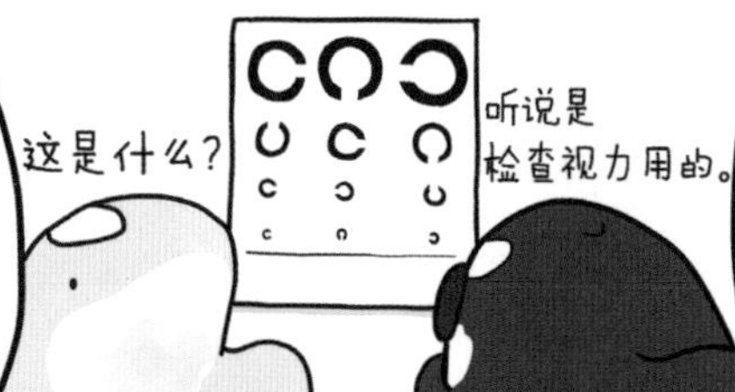


我们虽然也会用眼睛判断，但并不会完全依赖眼睛。

因为海底光线昏暗，很多东西是看不见的。

光线最多只能抵达水下200米左右……

海豚等鲸类有一个看家本领，我们在捕捉猎物或辨别远处的物体时，可以使用超声波“回声定位”。

这时就要用到前文提到的额隆啦！

弹性十足！

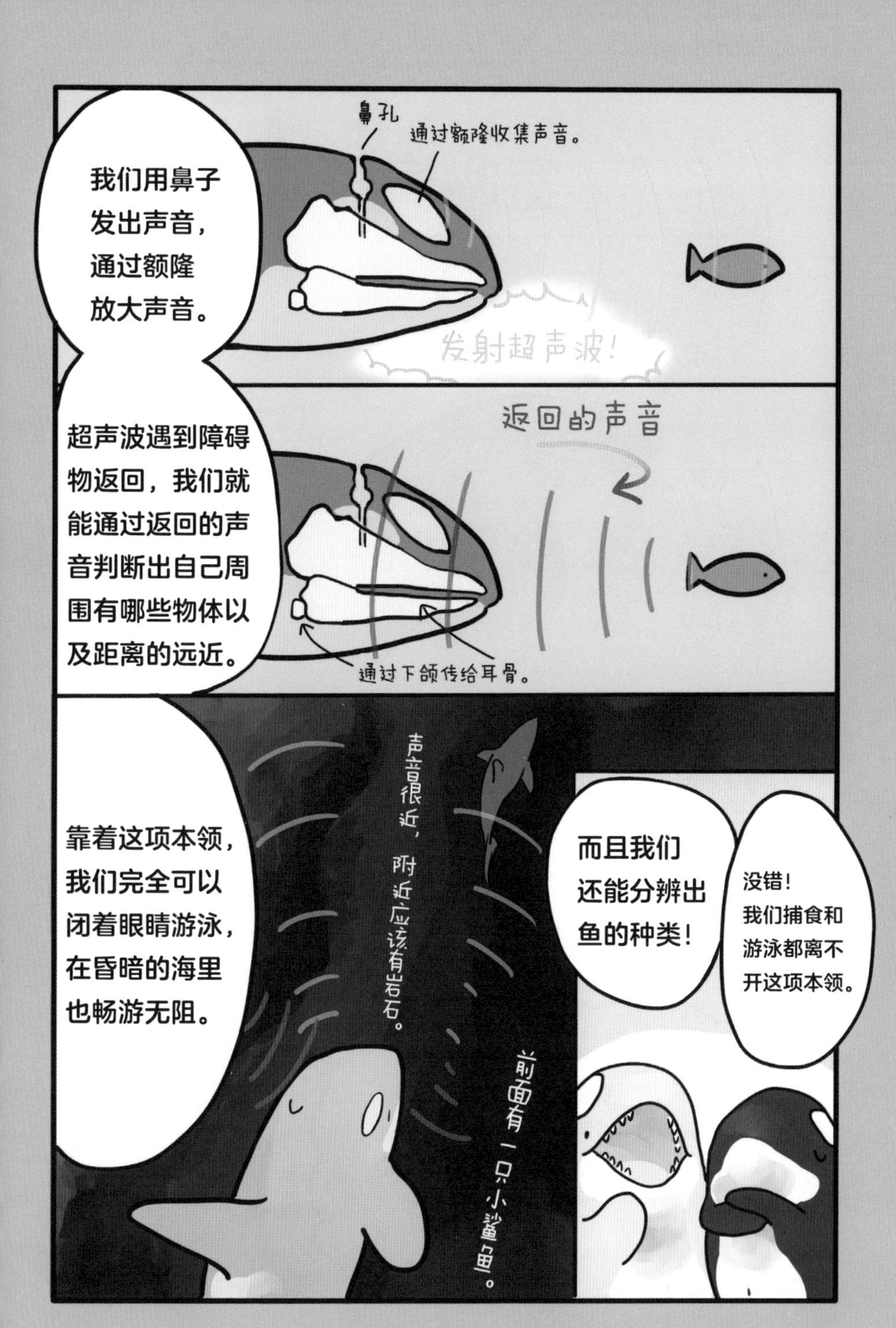
我们用鼻子发出声音，通过额隆放大声音。
鼻孔
通过额隆收集声音。
发射超声波！
超声波遇到障碍物返回，我们就能通过返回的声音判断出自己周围有哪些物体以及距离的远近。
返回的声音
通过下颌传给耳骨。
靠着这项本领，我们完全可以闭着眼睛游泳，在昏暗的海里也畅游无阻。
声音很近，附近应该有岩石。
前面有一只小鲨鱼。
而且我们还能分辨出鱼的种类！
没错！我们捕食和游泳都离不开这项本领。

动物小档案①

# 宽吻海豚

分类：齿鲸亚目海豚科

学名：*Tursiops truncatus*

英文名：Bottlenose Dolphin

## 海洋馆里饲养最多的海豚！

我们经常能在海洋馆里见到宽吻海豚。幸运的话，还能见到海豚宝宝呢。小宝宝紧紧依偎在妈妈身边，可爱极了！

# 太平洋短吻海豚

分类：齿鲸亚目海豚科

学名：*Lagenorhynchus obliquidens*

英文名：Pacific White-sided Dolphin

## 长着时髦条纹的太平洋短吻海豚

在日本，人工饲养数量排在第二的是太平洋短吻海豚，有些海洋馆会把它和宽吻海豚放在同一个水池里饲养。太平洋短吻海豚体形娇小，身上的斑纹黑白分明，还长着形状酷似镰刀的背鳍。

## 界限分明的虎鲸家族

对了，你说是不是鲨鱼、海豚和海豹之类的，虎鲸都能吃啊？
是啊！
那虎鲸会把海洋馆里的动物都吃光吗？
我就不客气啦！
你想想，生活在不同地区的人们，他们的饮食习惯和文化习俗都不一样吧？
嗯，
的确是这样。
虎鲸也一样，并不是所有的虎鲸都会吃鲨鱼。
原来是这样啊！

居留型虎鲸
在相对固定的海域内活动，
主要以鱼类为食。
过客型虎鲸
在辽阔的海域内游来游去，
捕食南美海狮、
幼鲸和海豚。
远洋型虎鲸
居住在离海岸线较远的地方，
主要以鲨鱼为食。
世界各地都有虎鲸，但它们分为不同的族群，食性和习性也迥然不同。
都是虎鲸，却形同陌路啊。
假装没看到……
此外，不同族群的虎鲸之间还会因为“语言”不通而无法交流。

猎物不同，捕食方式自然也不一样。
比如，有些虎鲸会团队协作，将灰鲸宝宝与母鲸隔开……
咚！
有些虎鲸会撞击大白鲨，把它撞晕……
有些虎鲸会围住鱼群，把它们逼到海面附近，并用尾鳍拍晕它们。
居留型虎鲸捕食时会喋喋不休地说个不停，而过客型虎鲸则沉默不语。
喳喳.
叽叽
……
沉默不语.

这种方法叫作旋转木马捕食法。

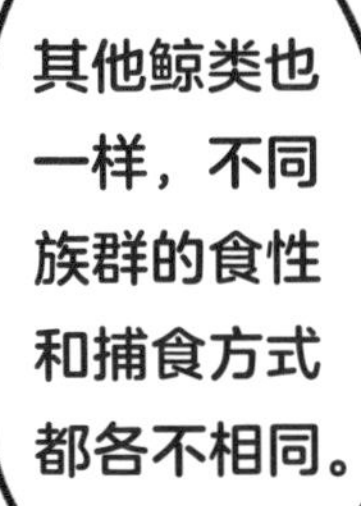

其他鲸类也一样，不同族群的食性和捕食方式都各不相同。

比如同样是宽吻海豚，既有以乌贼和章鱼为食的族群，也有以鱼类为食的族群。

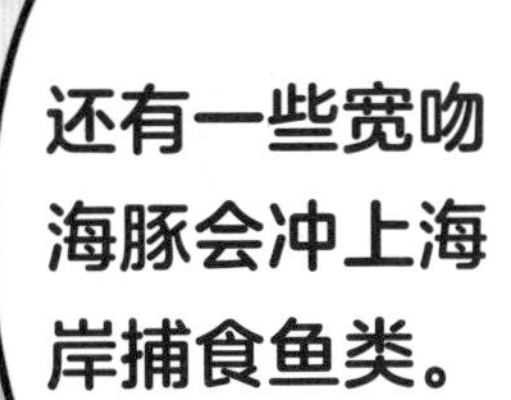


还有一些宽吻海豚会冲上海岸捕食鱼类。

虎鲸捕食南美海狮宝宝时也会采用这种抢滩登陆捕食法。

南美海狮是海狗和海狮的近亲。

栖息在南半球的虎鲸也同样各具特色。

A型虎鲸
最长可达9米，是南半球体形最大的虎鲸。
它们似乎也会巡游到南极海以外的地方。

B1型虎鲸
眼斑比较大，会组成小团队，
一起捕食冰上的海豹。

B2型虎鲸
体形比B1型虎鲸小一圈，
以鱼类和企鹅为食。

C型虎鲸
眼斑狭长，向后上方倾斜。
B型虎鲸和C型虎鲸的身上附着有硅藻，
颜色看起来有些发黄。

D型虎鲸
头和眼斑的形状都与其他虎鲸大不相同，
这是新近发现的，身上有许多未解之谜。

不同区域的虎鲸，习性大不一样，不能一概而论。

我们真的是相当复杂的生物……

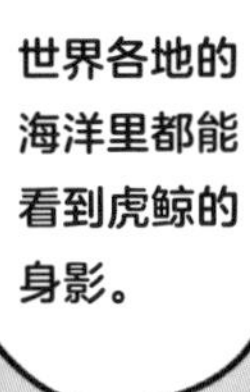

世界各地的海洋里都能看到虎鲸的身影。

日本北海道的罗臼在每年夏天都会迎来很多虎鲸。

多个族群的虎鲸会聚集在一起，数量多达100头！

这么多啊！

它们来做什么啊？

哇——

虎鲸族群以年长的母亲为首领，成员一辈子都不会离开族群。

所以，它们需要与其他族群交流，来寻觅伴侣。

罗臼拥有丰富的海洋资源，吸引了大量的虎鲸族群。

原来如此，它们是来寻找伴侣的啊！

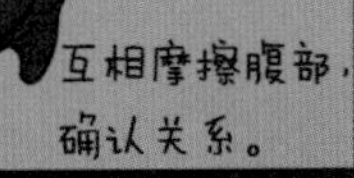


虎鲸找伴侣也很不容易呢！

有了小虎，我就不用担心了。

哇，真开心！

好激动！

动物小档案③

# 印太江豚

分类：齿鲸亚目鼠海豚科

学名：*Neophocaena phocaenoides*

英文名：Finless Porpoise

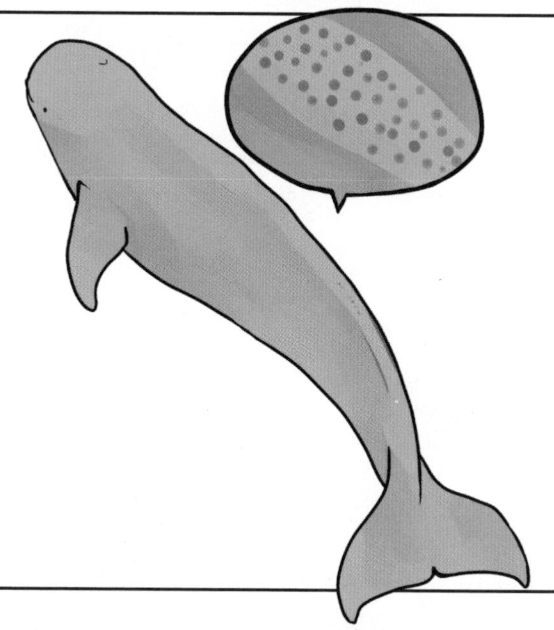

## 圆头圆脑又没有背鳍的海豚

许多海豚或鲸类没有背鳍，印太江豚就是其中之一。它的背部有许多“乳头状突起”，据说同伴之间可以通过互相摩擦这个部位进行交流。

动物小档案④

# 虎鲸

分类：海豚科

学名：*Orcinus orca*

英文名：Killer Whale, Orca

## 鲸类为什么会跳跃?

在海洋馆里的表演自不必说，野生鲸类平时也经常会跳起来。目前尚不清楚它们为什么要这样做，人们猜测是为了求偶或抖掉附着在身上的寄生虫，也可能只是在嬉戏而已。

海洋动物爆笑漫画

# 我太爱<br>海洋馆了

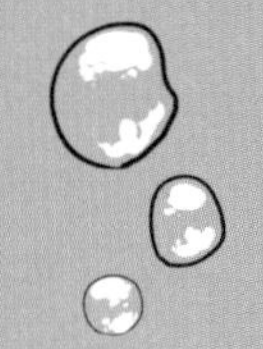

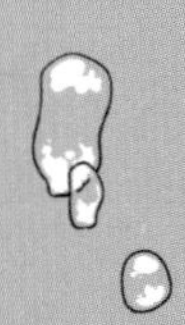

# 第2章

## 企鹅育儿，有时要狂奔，有时要坚守

咚咚咚
咚咚
咚
咦？它们在干吗？
雏鸟在追着爸爸妈妈要吃的！
我都不知道该怎么说了！
为什么？
雏鸟只有追上爸爸妈妈，才能从它们的嘴里得到食物。
原来如此……
停下来好好喂食不好吗？为什么非要跑呢？
它们必须要这样做！
第1名
帝企鹅
130厘米
第2名
王企鹅
95厘米
巴布亚企鹅
企鹅家族中
体形第三大的企鹅。
最大体长
90厘米
巴布亚企鹅跑起来的最快时速可达10千米!!!
它们这么拼命地跑，是为了……
唰！
唰
唰唰唰
比人类步行的速度还要快！
咚咚咚
咚
咚咚！

当然是为了逃出天敌的魔爪!!
南美海狮正虎视眈眈地盯着岸上的企鹅呢!
南美海狮是海狗和海狮的近亲。

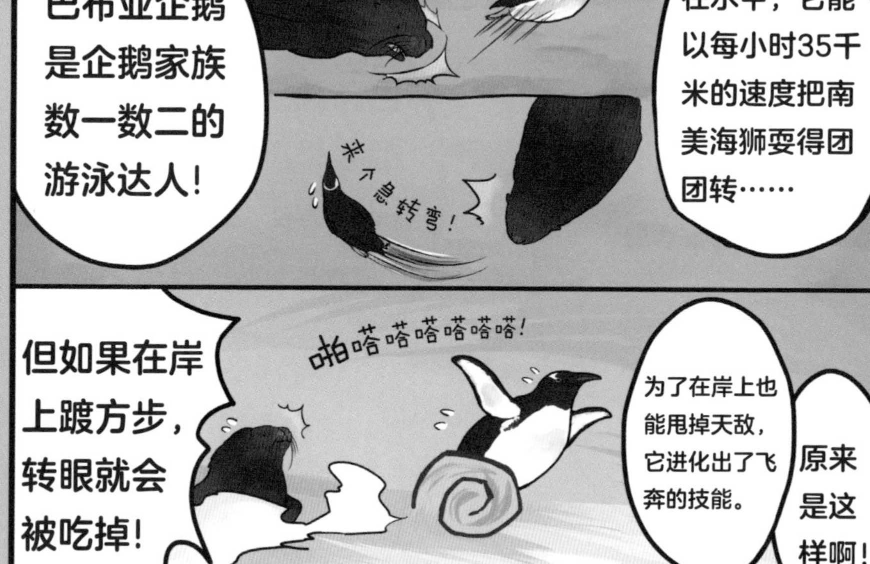

巴布亚企鹅是企鹅家族数一数二的游泳达人!
让你扑个空!
来个急转弯!
在水中，它能以每小时35千米的速度把南美海狮耍得团团转……
但如果在岸上踱方步，转眼就会被吃掉!
啪嗒嗒嗒嗒嗒嗒!
为了在岸上也能甩掉天敌，它进化出了飞奔的技能。
原来是这样啊!

这里采用了经典的漫画表现形式。

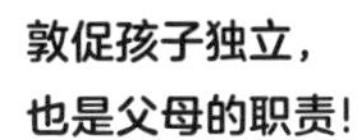

敦促孩子独立，
也是父母的职责！

巴布亚企鹅还会
把雏鸟带到海边，
教它们游泳。

等等我！
来这边！

来呀来呀！
这是什么呀？
哇！
好可怕！

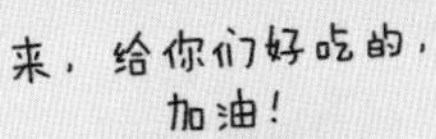

来，给你们好吃的，
加油！

即使遇到挫折，
父母也会一边
喂食，一边鼓
励孩子，耐心
地守护它们
成长。

你学会下海了！
真棒啊！
哇！
海水好凉啊！

真是模范妈妈啊！

原来它们奋力狂奔
也是为了孩子啊。
记得当初妈妈也曾
经不厌其烦地教我
捕食……

雄企鹅挤在一起御寒的行为被称为抱团取暖。

环境这么恶劣，企鹅妈妈却抛下丈夫和孩子独自觅食，这也太自私了吧！
很多人会这么想吧？
但其实，企鹅妈妈要跋涉100多千米才能走到大海……
唰唰唰！
啊？
在路上还可能遇到豹形海豹……
咔啦……
也可能被虎鲸袭击。
哇！
为了饿着肚子、尚未谋面的孩子，它们要耗时两个月往返于繁殖地和大海之间。
气喘吁吁，
疲惫不堪。
对不起！企鹅妈妈一点也不自私！

## 企鹅育儿，有时要狂奔，有时要坚守

企鹅妈妈踏上归途时，雏鸟会花上2~3天的时间，慢慢啄破厚厚的蛋壳……
终于破壳了！
啄！
啄！
啄！
啾！
啾！
企鹅妈妈回来之前，企鹅爸爸会把胃里仅剩的一点点食物，以及一种由脂肪和蛋白质组成的被称为“企鹅奶”的液体喂给雏鸟，苦苦等待妻子的归来……
企鹅奶吃完了，小企鹅只能依靠吃雪充饥……
妈妈，你快回来呀！
企鹅妈妈经过长途跋涉，终于回来了！
唰！唰！
我终于回……
天啊!!
但它们还需要在这个庞大的队伍中找到自己的丈夫和孩子。
乌泱乌泱一大片。

不过别担心!

企鹅爸爸也很努力，它们会带着雏鸟站成一排，等着与企鹅妈妈相认!

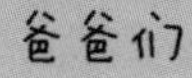


妈妈们

哇!

它们通过叫声找到对方!终于重逢了!!

企鹅夫妇记得彼此的叫声。

太好了!企鹅宝宝终于见到妈妈了!

寒暄过后，宝宝转交给妈妈了。

接下来，妈妈会把宝宝喂得饱饱的。

时隔120天后，企鹅爸爸终于可以去捕食了。

辛苦啦!

我走啦!

摇摇晃晃。

大海
↓
繁殖地
↓
育儿 →

又一次长达120天的持久战。

它们要走100多千米，有不少企鹅爸爸就在捕食的路上牺牲了。

啊……

企鹅育儿，有时要狂奔，有时要坚守

为什么一定要选择远离海洋的地方繁殖呢？
住在海边不好吗？
你回来啦？
妈妈！
我回来了！
很多人都会这么想吧？
如果企鹅一直待在一个地方，天敌会围过来，把它们吃掉。
到了夏季，冰层减少，这种地方也可能会融化。
啊！
那我就不客气了！
而且，从山上刮来的风十分强劲！所以它们特地选择山崖下面能避风的地方。
原来如此！企鹅好聪明！
向下加速的风
冰
企鹅的繁殖地
接下来，企鹅爸爸和企鹅妈妈会轮流捕食，养育宝宝。
已经塞不下你了吧？
我不想出来！
雏鸟渐渐长大，不能再钻到爸爸妈妈的肚子下面了。
这时，它们会被送到“企鹅幼儿园”。
在这里抱团取暖，学习如何融入集体生活。

雏鸟出生约150天后，在12月到次年1月间的某一天，企鹅爸爸和妈妈会离开繁殖地，不再与宝宝见面。
啊？
在本能的召唤之下，饥饿难忍的雏鸟们朝着大海走去。
环境如此严酷，帝企鹅没法像巴布亚企鹅一样陪着雏鸟。
最后它们只能靠自己了。
嘿！
为了生存，它们投入大海的怀抱……
刚才好像有一句旁白很奇怪。
旅途中，雏鸟会换上成年企鹅那样的毛，有时它们就像毛衣刚脱到一半。
全世界最艰难的育儿之路~完~
是啊！
不过爸爸也像妈妈一样拼尽全力，真的很了不起!!
如今，不顾家的雄性大概不会受欢迎吧……
中枪
虎鲸爸爸不参与育儿。

动物小档案⑤

# 帝企鹅

分类：企鹅目企鹅科

学名：*Aptenodytes forsteri*

英文名：Emperor Penguin

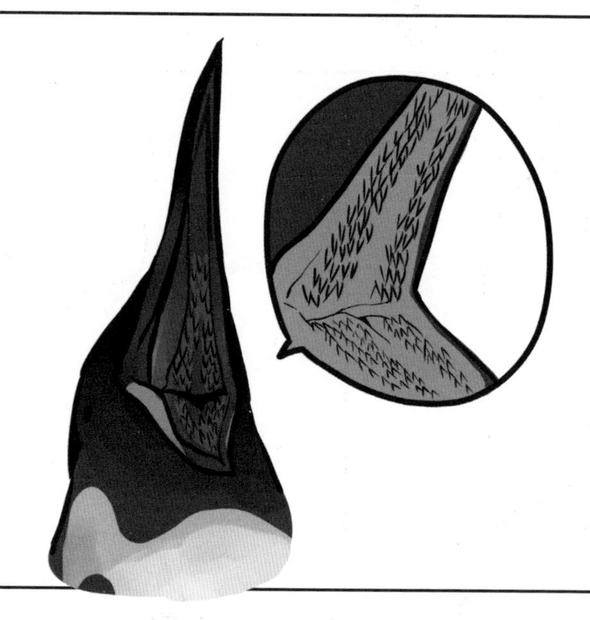

## 企鹅的“牙齿”

企鹅没有可以用来捕鱼的牙齿。不过它们的嘴里长着许多小刺，可以牢牢地叼住鱼类。企鹅会沿着鱼头到鱼尾的方向把鱼整个地吞下去，以免卡在喉咙里。

# 巴布亚企鹅

分类：企鹅目企鹅科

学名：*Pygoscelis papua*

英文名：Gentoo Penguin

## 惹人注目的脚

目前，全世界共有18种企鹅，其中只有巴布亚企鹅的脚是黄色或橙色的。其他企鹅的脚要么是粉色的，要么是灰色的。企鹅的种类不同，斑纹也不一样，非常有意思。

## 为什么水豚会出现在海洋馆里?

水豚是世界上
最大的
啮齿动物！
水豚
啮齿目豚鼠科
栖息地 亚马孙河流域等地
它会出现在
海洋馆里，
当然是有
充分理由的。
体长1.1~1.3米
水纯？
是水豚。
什么叫
啮齿动物？
简单地说，
就是咬东西
的动物，比
如老鼠等。
……
看我的！
小小的。
最大的啮齿动物
体长才1米，这
也太小了！
是啊，跟虎鲸
相比，绝大多
数动物都是小
个子。

但和家里养的仓鼠比起来，水豚的个头儿大得离谱！
庞然大物！
哇！水墩好大啊！
不对，是水豚。
水豚是老鼠的亲戚，所以肯定是陆地动物啊！
唉，你想得太简单了！
看体形，它确实很像陆地动物。
但你看看它的脚！
水豚的脚上竟然有蹼！
放大来看。

水豚的
脚上有蹼，
说明它
很擅长游泳！
划啊，
蹬啊，
蹬啊，
蹬啊，
划啊，划啊，
水豚生活在河边，几乎一直待在水里。
哇，这是“水豚游泳法”吧！
水豚的鼻子、眼睛和耳朵在头部呈一条直线，所以只要浮出水面一点点就可以呼吸了。
据说它还能潜水5分钟左右。
看来五官的位置是有讲究的！
哦，怪不得一到冬天它们就去泡温泉呢！
水豚生活在亚马孙河流域，因此很怕冷。
泡温泉既能玩水又能驱寒，真是一举两得啊。
它们是水陆两栖动物。
对不起，水豚！我再也不说你混进海洋馆了！

动物小档案⑦

# 水豚

分类：啮齿目豚鼠科

学名：*Hydrochoerus hydrochaeris*

英文名：Capybara

## 个头儿和小狗相仿的啮齿动物

比起仓鼠和花栗鼠，水豚要大得多，它的脚趾之间有蹼，适合水陆两栖的生活。水豚怕冷，所以有时会泡在温泉里。雄性水豚的鼻尖上有一个棕色的分泌腺。

# 河狸

分类：啮齿目河狸科

英文名：Beaver

## 森林里的工程师，房子和水坝都能建

河狸也是啮齿动物，不过它平时住在水边，所以人们在海洋馆里见到它也不会感到奇怪。为了防止外敌入侵，河狸会把巢穴的出入口建在水下，并且还会建造水坝来确保水位够深。河狸的尾巴又扁又大，像船桨一样，很适合游泳。

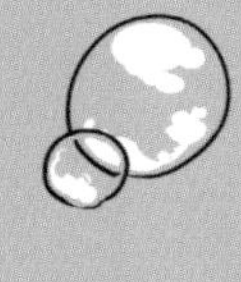

# 我太爱
# 海洋馆了

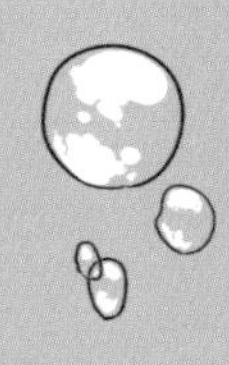

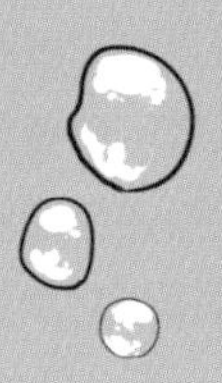

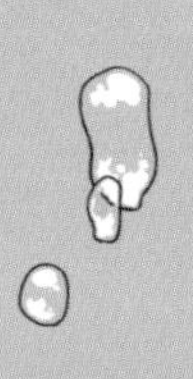

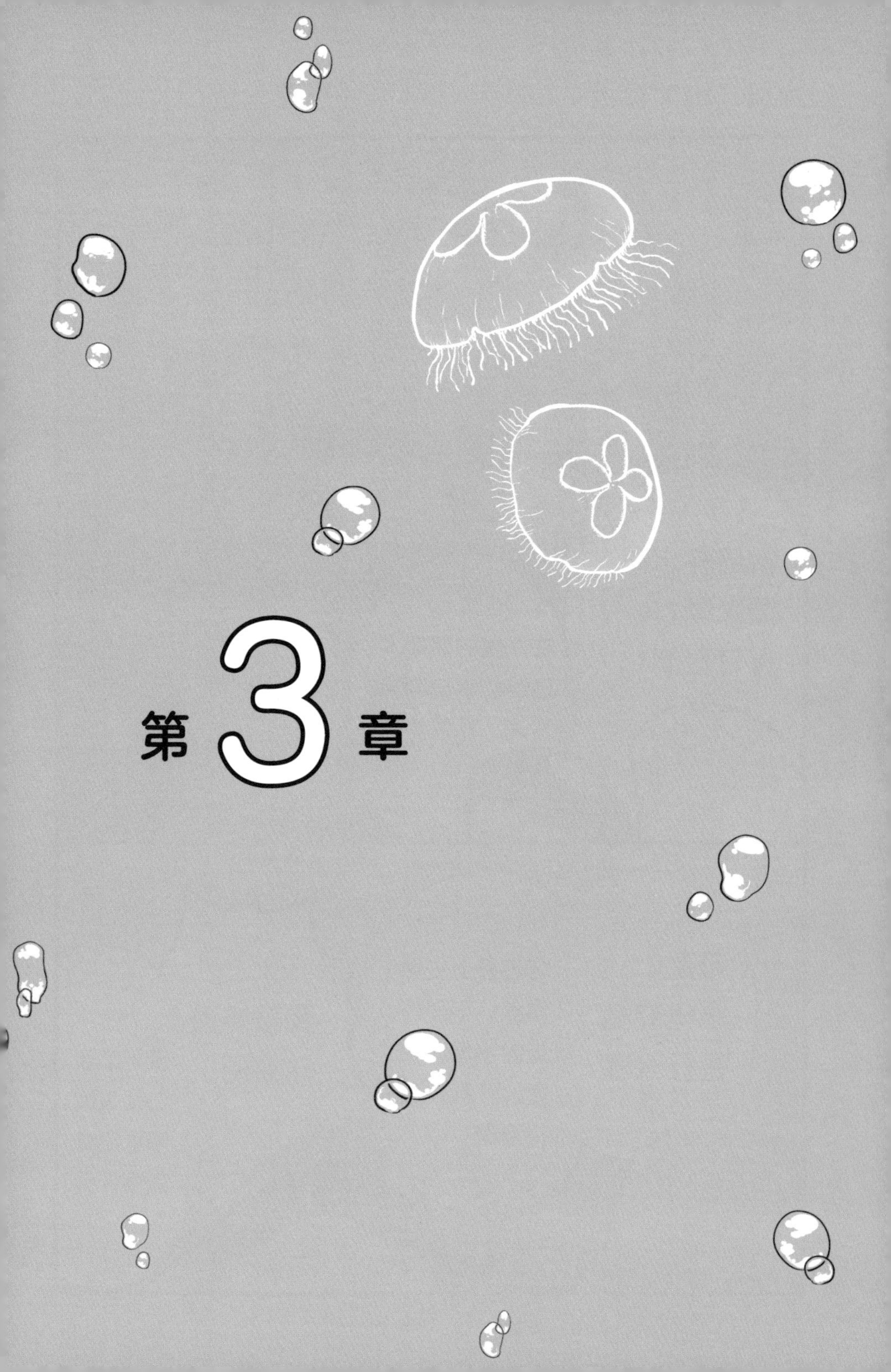

# 第3章

## 水母与谁最接近？章鱼？乌贼？还是翻车鱼？

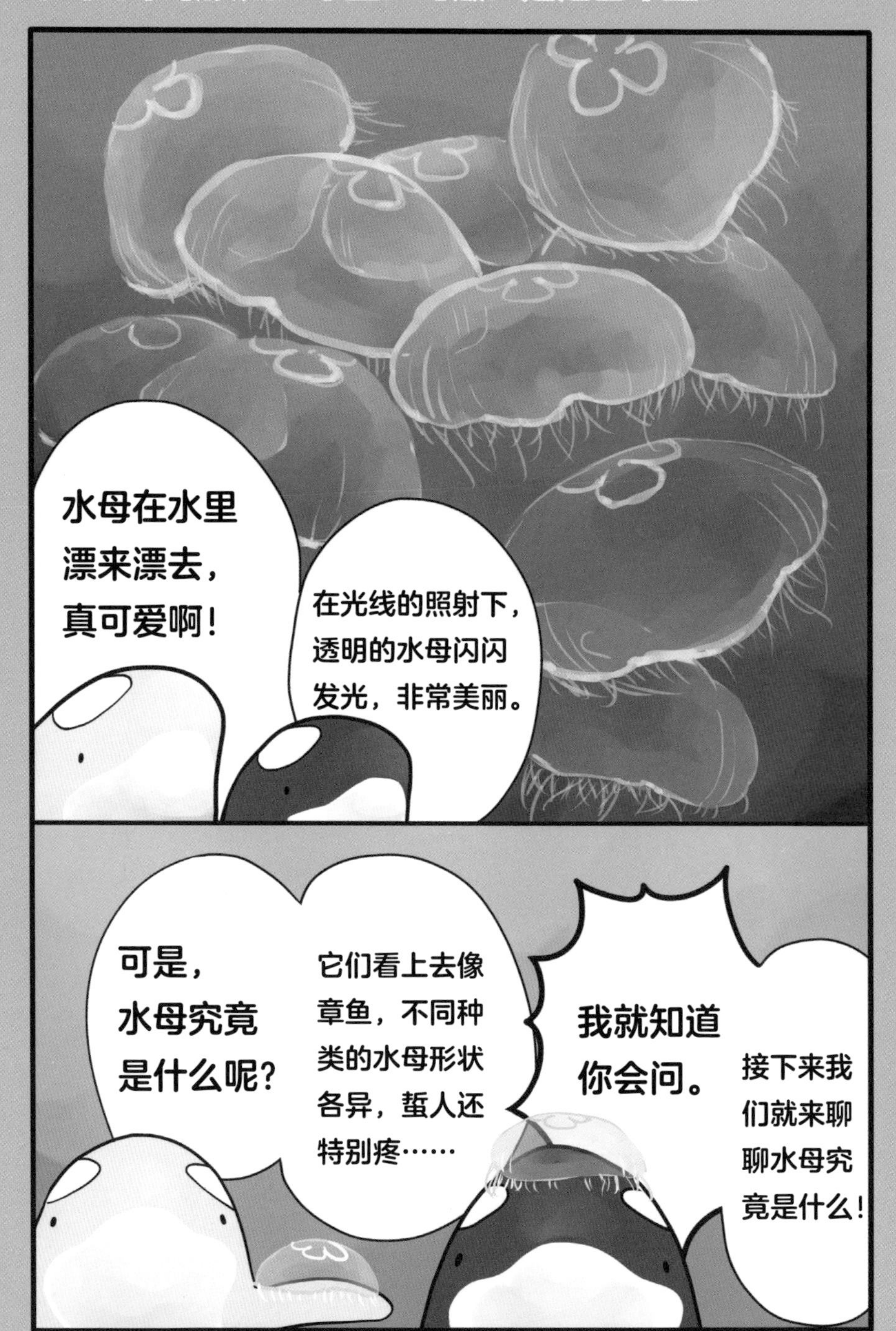

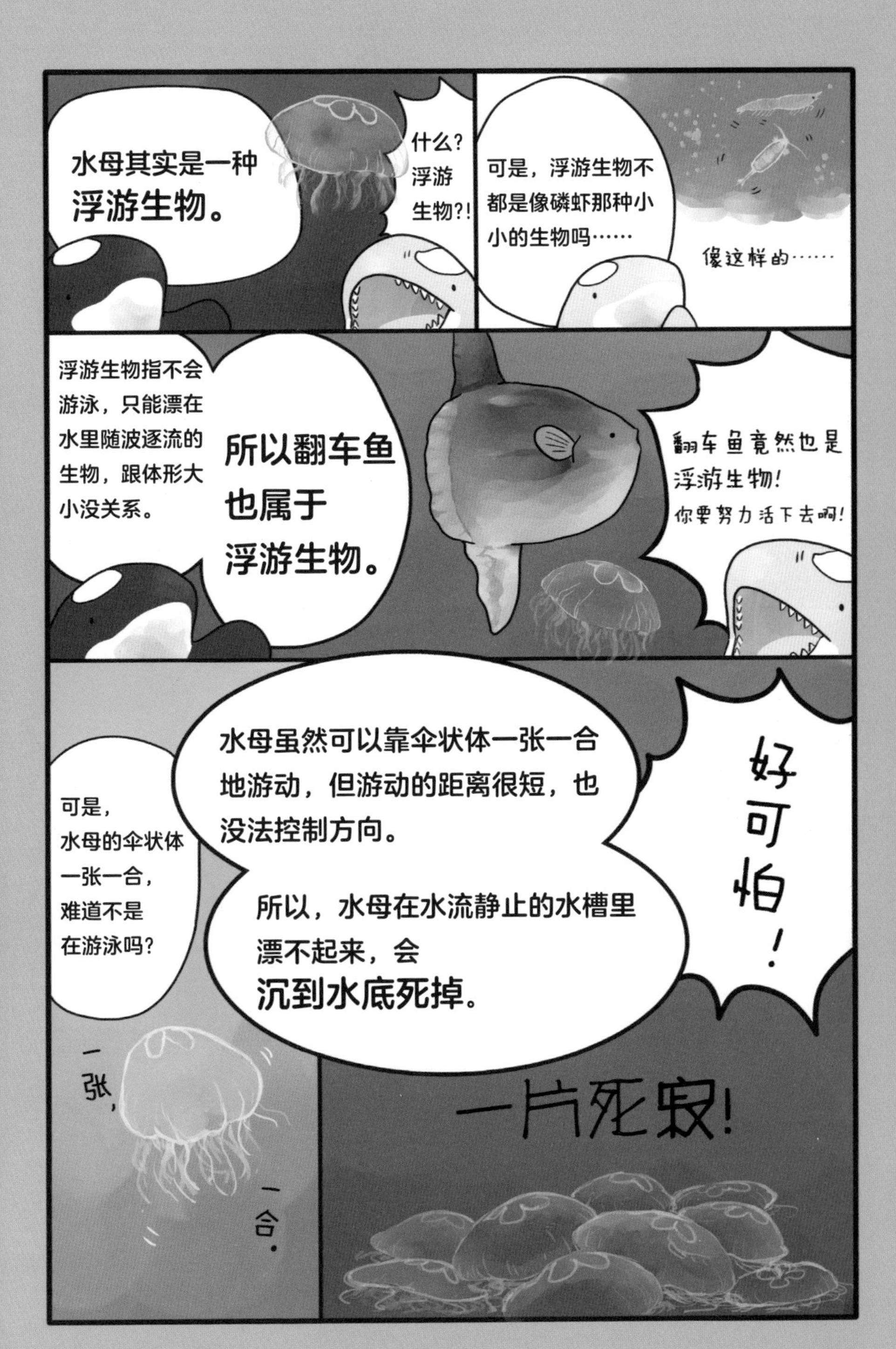
水母其实是一种
浮游生物。
什么？浮游生物?!
可是，浮游生物不都是像磷虾那种小小的生物吗……
像这样的……
浮游生物指不会游泳，只能漂在水里随波逐流的生物，跟体形大小没关系。
所以翻车鱼也属于浮游生物。
翻车鱼竟然也是浮游生物！你要努力活下去啊！
可是，水母的伞状体一张一合，难道不是在游泳吗？
水母虽然可以靠伞状体一张一合地游动，但游动的距离很短，也没法控制方向。
所以，水母在水流静止的水槽里漂不起来，会
沉到水底死掉。
好可怕！
一张，
一合。
一片死寂！

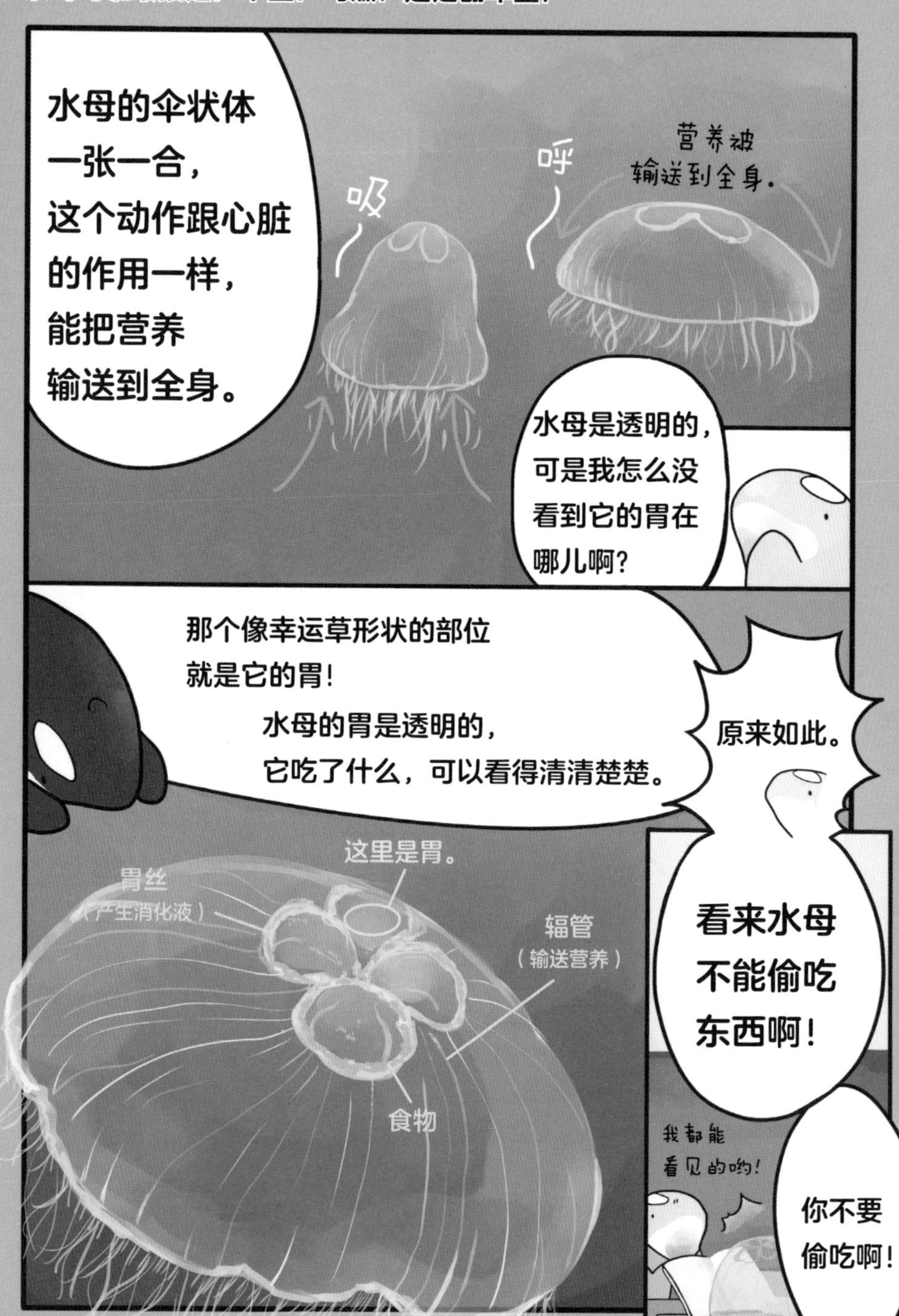
水母的伞状体
一张一合，
这个动作跟心脏
的作用一样，
能把营养
输送到全身。
吸
呼
营养被
输送到全身。
水母是透明的，
可是我怎么没
看到它的胃在
哪儿啊？
那个像幸运草形状的部位
就是它的胃！
水母的胃是透明的，
它吃了什么，可以看得清清楚楚。
原来如此。
这里是胃。
胃丝
（产生消化液）
辐管
（输送营养）
食物
看来水母
不能偷吃
东西啊！
我都能
看见的哟！
你不要
偷吃啊！

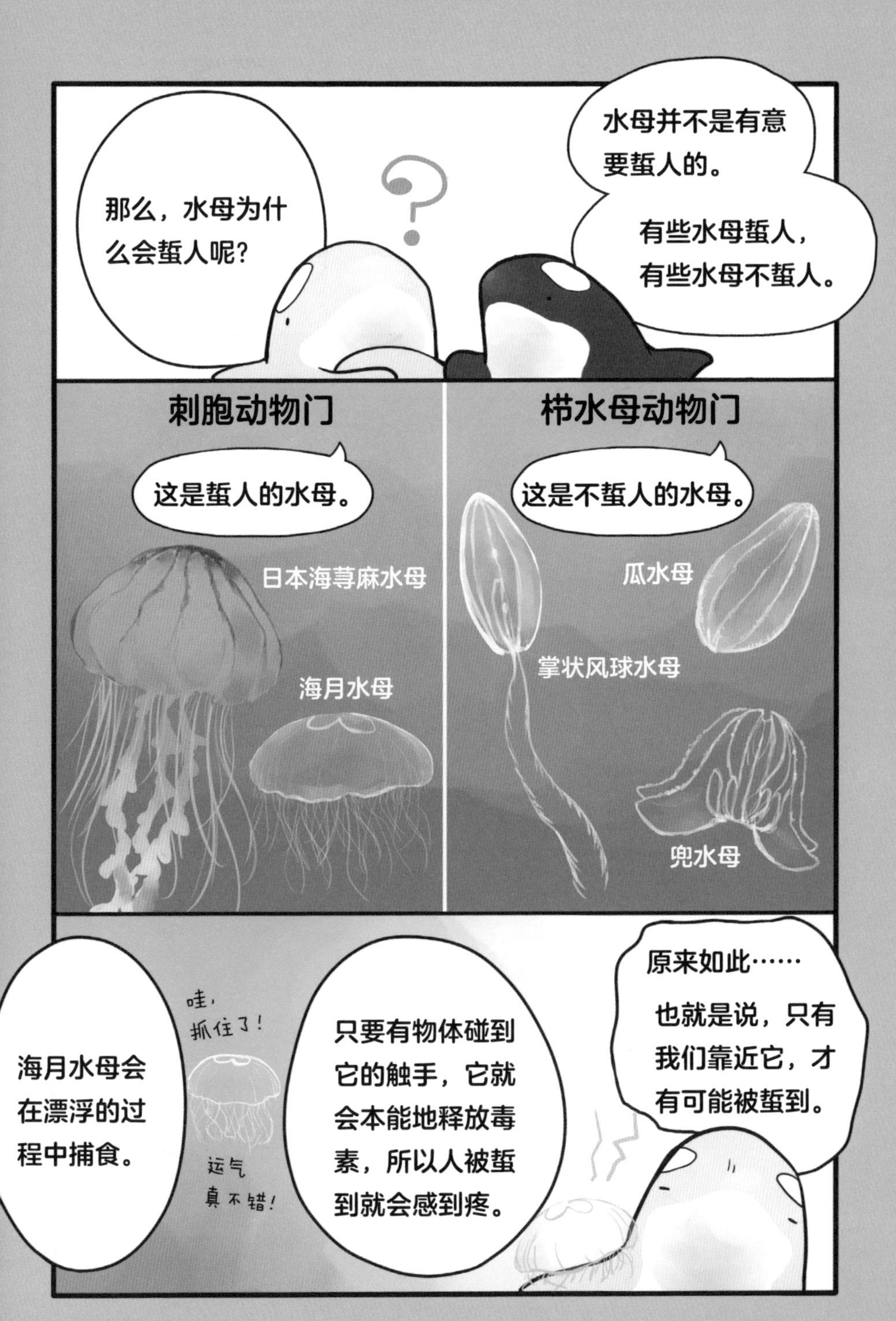
那么，水母为什么会蜇人呢？
水母并不是有意要蜇人的。
有些水母蜇人，有些水母不蜇人。
刺胞动物门
这是蜇人的水母。
日本海荨麻水母
海月水母
栉水母动物门
这是不蜇人的水母。
瓜水母
掌状风球水母
兜水母
海月水母会在漂浮的过程中捕食。
哇，抓住了！
运气真不错！
只要有物体碰到它的触手，它就会本能地释放毒素，所以人被蜇到就会感到疼。
原来如此……
也就是说，只有我们靠近它，才有可能被蜇到。

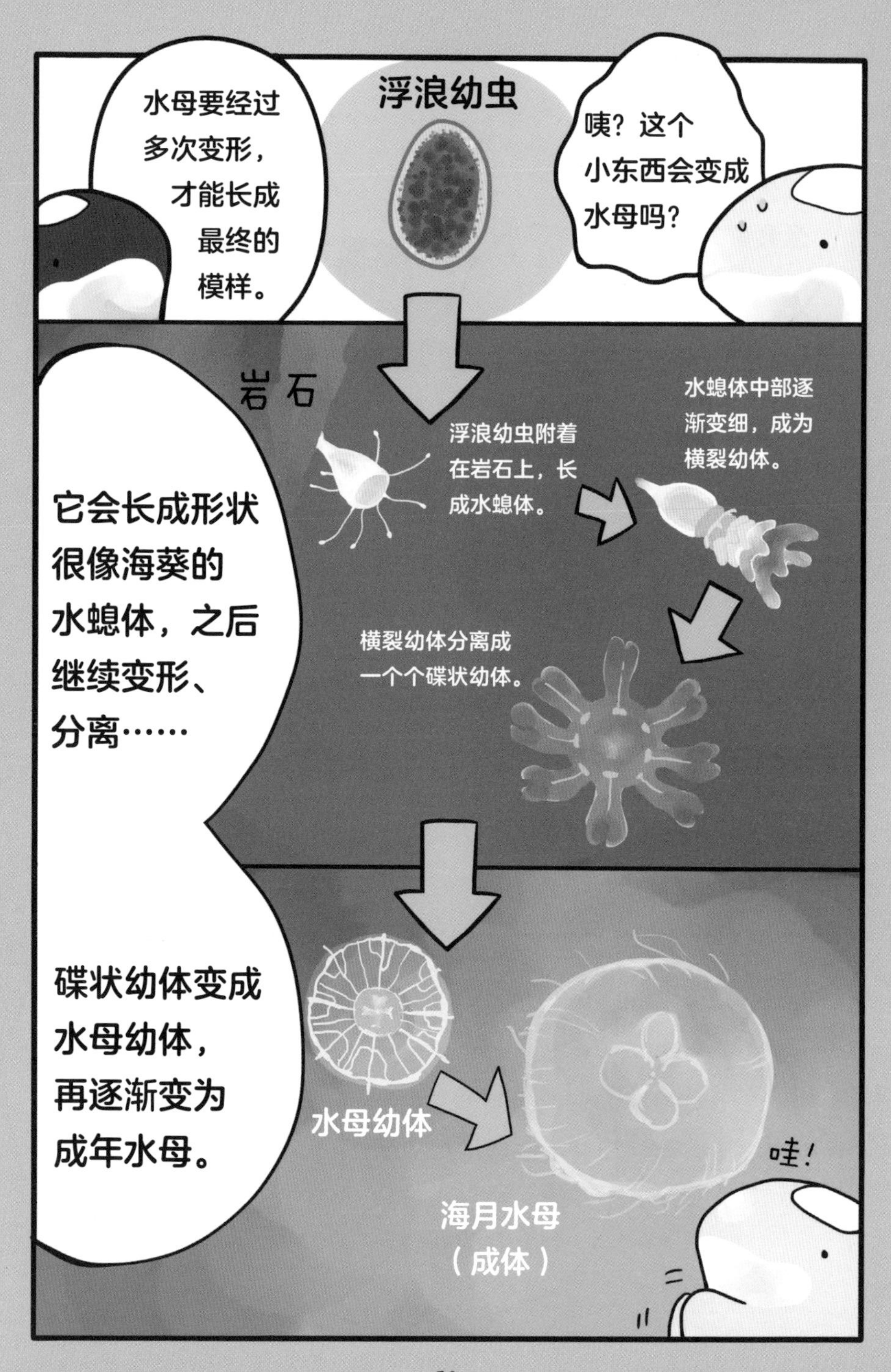
水母要经过多次变形，才能长成最终的模样。
浮浪幼虫
咦？这个小东西会变成水母吗？
岩石
浮浪幼虫附着在岩石上，长成水螅体。
水螅体中部逐渐变细，成为横裂幼体。
它会长成形状很像海葵的水螅体，之后继续变形、分离……
横裂幼体分离成一个个碟状幼体。
碟状幼体变成水母幼体，再逐渐变为成年水母。
水母幼体
海月水母（成体）
哇！

虽然水螅体可以分裂出更多个体，但是在前一个阶段，必须要有雄性水母和雌性水母才能形成浮浪幼虫。
水螅体属于无性繁殖。
哦，原来水母也会恋爱啊。
真有意思。
叽叽 喳喳！
成群的水母聚在一起，看上去就像在举办相亲大会一样。
我喜欢个性稳重的。
我喜欢比较顾家的女性。
你平时喜欢做些什么？

动物小档案⑨

# 海月水母

分类：旗口水母目羊须水母科

学名：*Aurelia aurita*

英文名：Moon Jelly, Common Jellyfish, Saucer Jelly

## 生活在水中，却几乎不会游泳

水母平时都漂浮在水中，它们或许也在努力游，但几乎不会移动。据说，人们养殖水母时，需要调整水流来防止它们沉入水底。海月水母的伞状体上有像幸运草一样的部位，有些是3个花瓣，有些是5个或6个花瓣。

# 越前水母

分类：根口水母目根口水母科

学名：*Nemopilema nomurai*

英文名：Nomura's Jellyfish

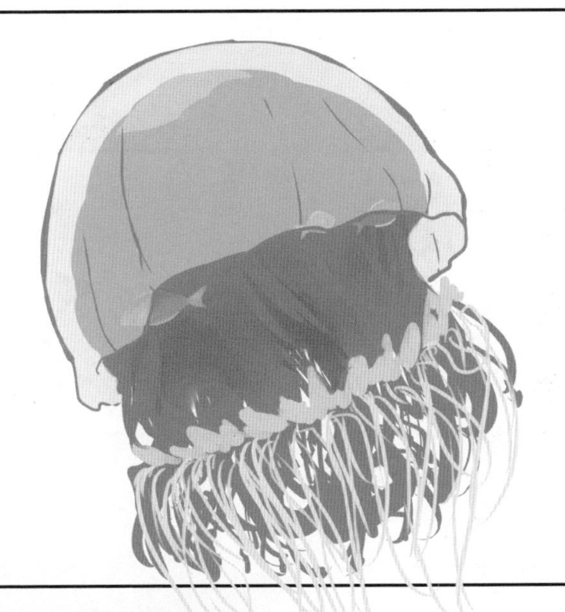

## 为他人提供食宿的悲惨人生

虽然越前水母的触手有毒，但它刺不穿鱼鳞，反而会被鱼附着在身上，成了鱼类躲避天敌的庇护所。它们好不容易收集来的浮游生物被洗劫一空，甚至还有些鱼会直接把越前水母吃掉。也许，它们需要反思一下自己的人生了。

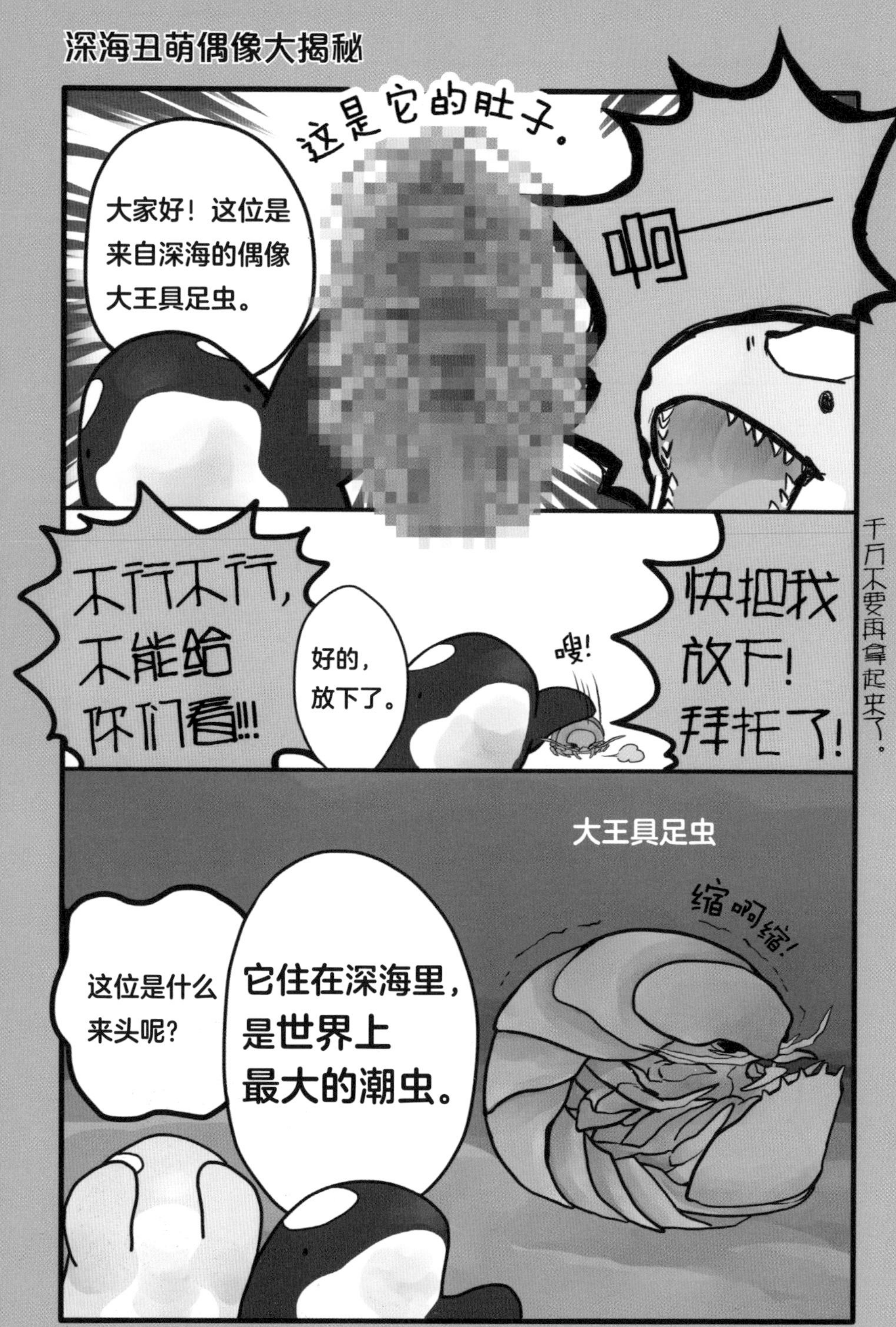

大家好！这位是来自深海的偶像大王具足虫。
这是它的肚子。
啊——
不行不行，不能给你们看!!!
好的，放下了。
嗖！
快把我放下！拜托了！
千万不要再拿起来了。
大王具足虫
这位是什么来头呢？
它住在深海里，是世界上最大的潮虫。
缩啊缩！

大王具足虫跟奇异海蟑螂近似，是潮虫的近亲，能将身体稍微团起来。

日本的大具足虫体长约15厘米，
而大王具足虫的体长最长
可达50厘米左右。
和猫的体长
差不多。
大具足虫

它以沉积在海底的
动物尸体为食，
被称为
“深海清道夫”。
或许它也会
帮助虎鲸
清理食物残渣。

日本鸟羽海洋馆
曾养过一只大王具足虫，
它整整五年没有进食，
但似乎并不是饿死的……
具体死因不明。
人们解剖后发现，
它的胃里还有
残存的食物。

平时大王具足虫
不怎么活动，
但它其实能用
后腿游泳。
嗖——
竟然能游这么快！

接下来，还有一位来自深海的人气明星！
咦？我没见过这位，它是谁呢？
看看这个，你也许就能认出来了。
水滴鱼
软塌塌！
哇！原来是它！我知道它！
据说它曾被评为世界上最丑的生物。
太可怜了！
世界第一丑！
什么？它们俩真的是同一种鱼吗？是不是哪里画错了？
当然没错，其实这背后是有原因的。

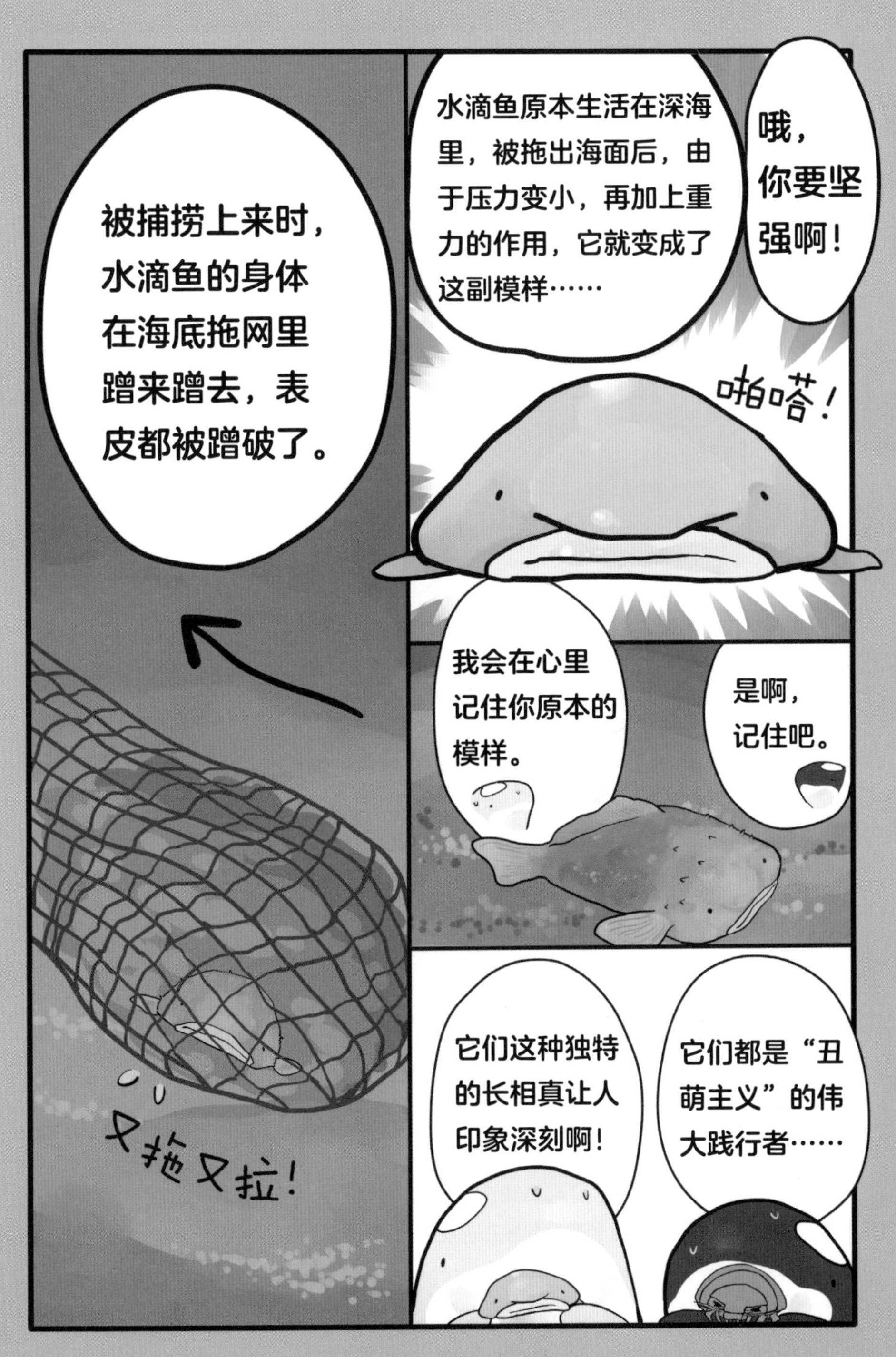

被捕捞上来时，水滴鱼的身体在海底拖网里蹭来蹭去，表皮都被蹭破了。
又拖又拉！
哦，你要坚强啊！
水滴鱼原本生活在深海里，被拖出海面后，由于压力变小，再加上重力的作用，它就变成了这副模样……
啪嗒！
是啊，记住吧。
我会在心里记住你原本的模样。
它们都是“丑萌主义”的伟大践行者……
它们这种独特的长相真让人印象深刻啊！

动物小档案⑪

# 大王具足虫

分类：等足目浪飘水虱科

学名：*Bathynomus giganteus*

英文名：Giant Isopod

## 有人喜欢，有人讨厌的“深海清道夫”

大王具足虫生活在1000米左右的深海里。它的外表个性十足，有人喜欢，有人讨厌。有些人看到它的腹部可能会不太舒服，所以我打上了马赛克。日本的甲胄也叫具足，据说大王具足虫就是因为长得很像甲胄而得名的。

# 水滴鱼

分类：鲉形目隐棘杜父鱼科

学名：*Psychrolutes marcidus*

英文名：Blobfish

## 到底是可爱还是恶心呢？

人们偶尔会在渔网中发现水滴鱼的身影，它的身上还有许多未解之谜。据说人工饲养水滴鱼很难实现。水滴鱼全身滑溜溜的，在海里游动的样子和表情都很可爱。

## 像妈妈一样称职的海马爸爸

说到鱼类中的
育儿模范，
非海马爸爸莫属！
雄性海马的肚子上
有一个孵卵囊。
等等，
我有一个
问题……
游啊游，
游啊游，
游啊游。
海马属于什么动物啊？
它是一种鱼。
鱼……
海马属于海龙科，
虽然样子很奇特，
但它确实属于鱼类。
仔细观察，
你会发现它是
有鳃的。
鳃
吸！
将小型甲壳动物
吸进嘴里吃掉。
海马的英文名
可以直译为
“海里的马”或
“海里的龙”。
库达海马
叶海龙

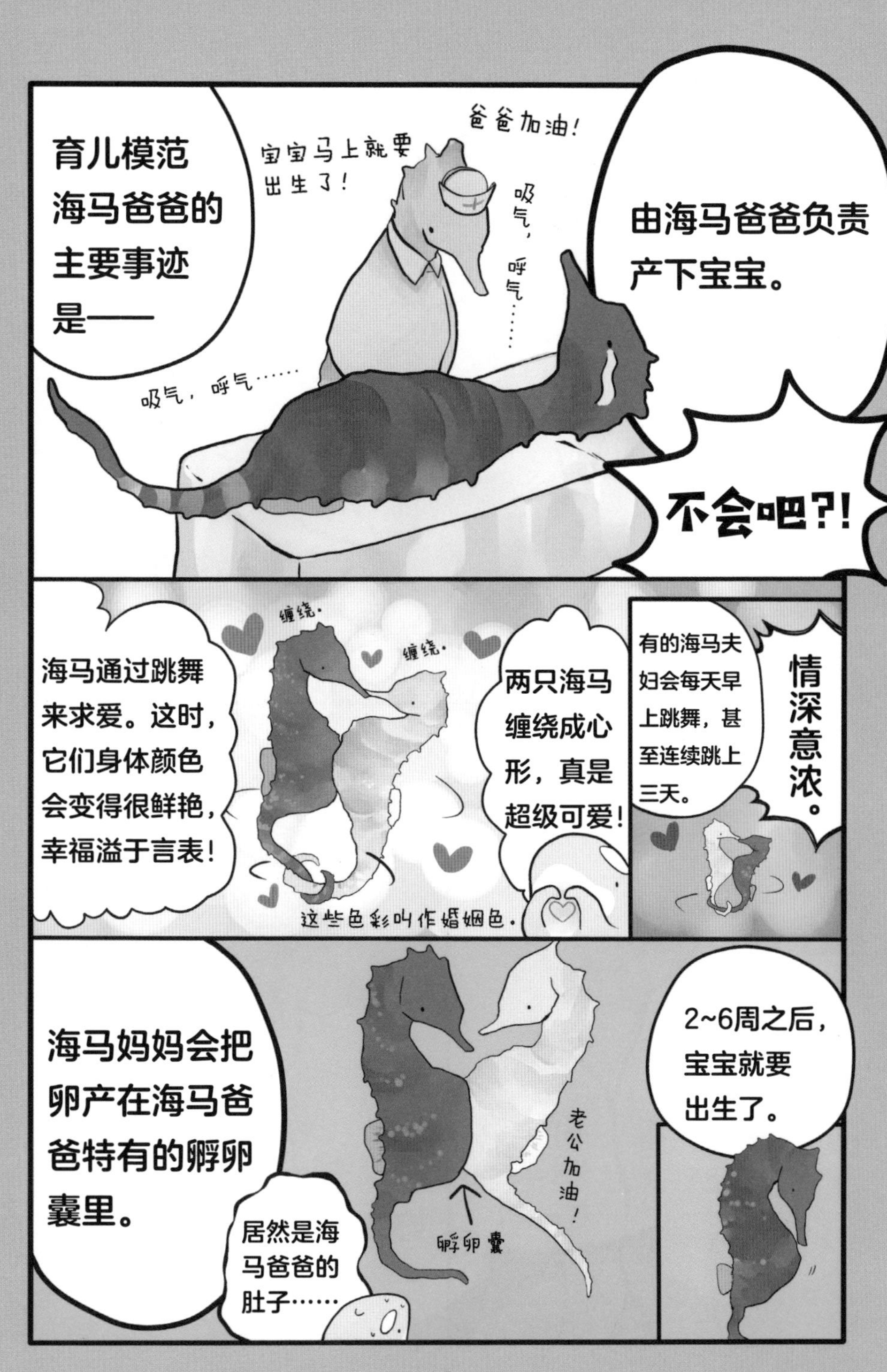
育儿模范海马爸爸的主要事迹是——
宝宝马上就要出生了！
爸爸加油！
吸气，呼气……
吸气，呼气……
由海马爸爸负责产下宝宝。
不会吧？！
海马通过跳舞来求爱。这时，它们身体颜色会变得很鲜艳，幸福溢于言表！
缠绕。
缠绕。
这些色彩叫作婚姻色。
两只海马缠绕成心形，真是超级可爱！
有的海马夫妇会每天早上跳舞，甚至连续跳上三天。
情深意浓。
海马妈妈会把卵产在海马爸爸特有的孵卵囊里。
孵卵囊
老公加油！
居然是海马爸爸的肚子……
2~6周之后，宝宝就要出生了。

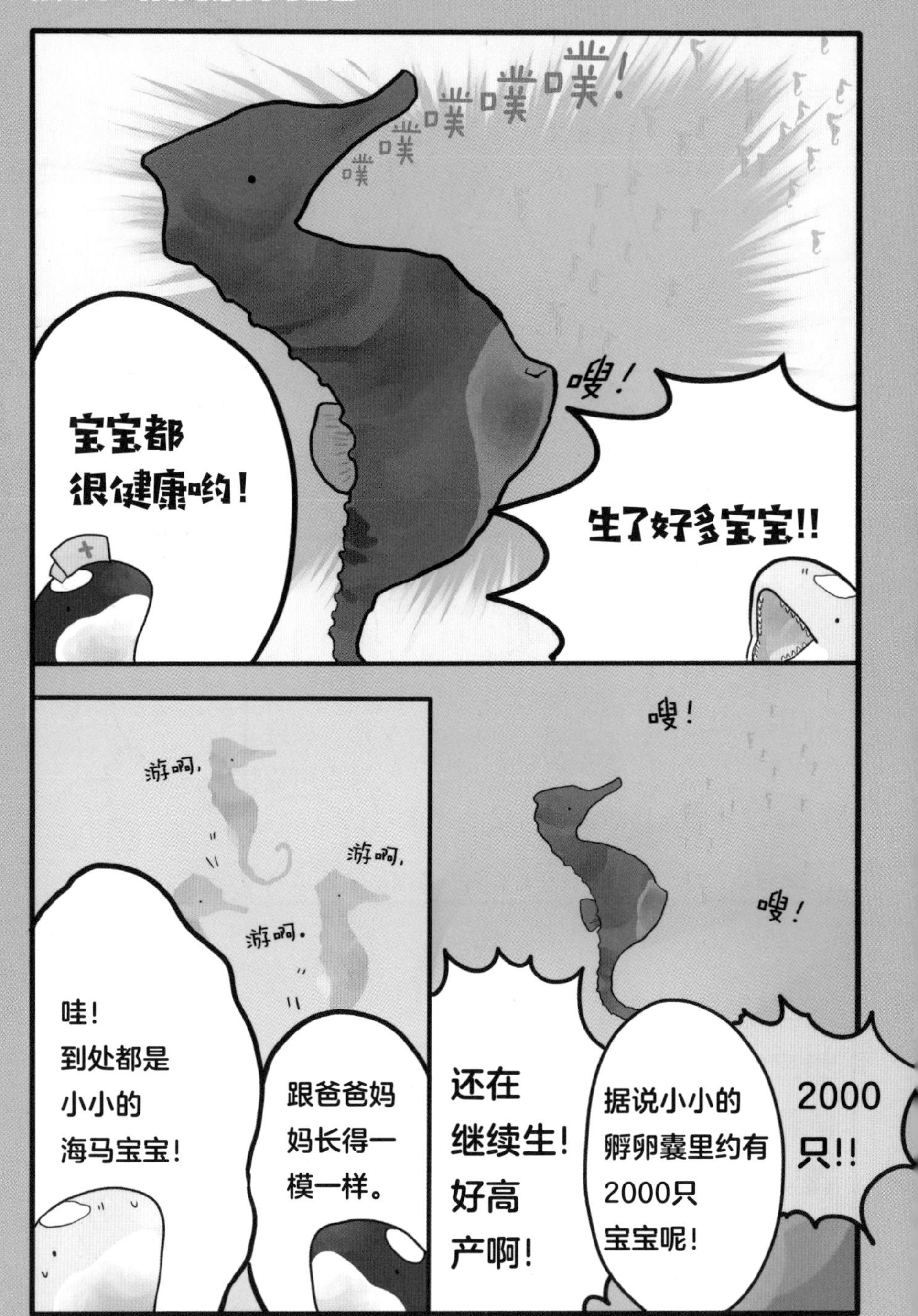
噗
噗
噗
噗
噗
噗!
嗖!
宝宝都
很健康哟!
生了好多宝宝!!
嗖!
游啊,
游啊,
游啊。
嗖!
哇!
到处都是
小小的
海马宝宝!
跟爸爸妈
妈长得一
模一样。
还在
继续生!
好高
产啊!
据说小小的
孵卵囊里约有
2000只
宝宝呢!
2000
只!!

对了，你能想象鱼骨的样子吗？
鱼骨？
嗯。
一般来说，鱼骨大多都是这样的吧？
普通的鱼骨
嗯，是啊。
所以呢？
可是海马的骨骼
却是像这样的……
直立的！哈哈！
哇！太震惊了，跟活的一模一样！
海马的骨骼看上去跟活海马没什么区别！
很少有哪种动物的骨骼和它们活着时的形状完全一样。
真让人意想不到，太震撼了！
生前的样子。
说到意想不到，你再看看双髻鲨的骨骼，够丑吧？
不要随便说别人丑……
哇！确实太丑了！

动物小档案⑬

# 叶海龙

分类：刺鱼目海龙科

学名：*Phycodurus eques*

英文名：Leafy Seadragon

## 技艺高超的伪装大师

诚如其名，叶海龙可以将自己伪装成海藻来躲避天敌，看上去就像一片叶子。叶海龙与海马一样，都属于海龙科。它们的捕食方式也一样，都是把猎物吸进细长的嘴巴里。

# 草海龙

分类：刺鱼目海龙科

学名：*Phyllopteryx taeniolatus*

英文名：Weedy Seadragon，Common Seadragon

## 你也超级像海藻

草海龙也是伪装专家，不过它更低调一点，不像叶海龙那么夸张。它们都属于海龙科，都不能像海马那样用尾巴缠住海藻，并且都没有孵卵囊，所以雌性需要把卵产在雄性的尾巴上进行孵化。

## 海胆是棘皮动物，棘皮动物是什么？

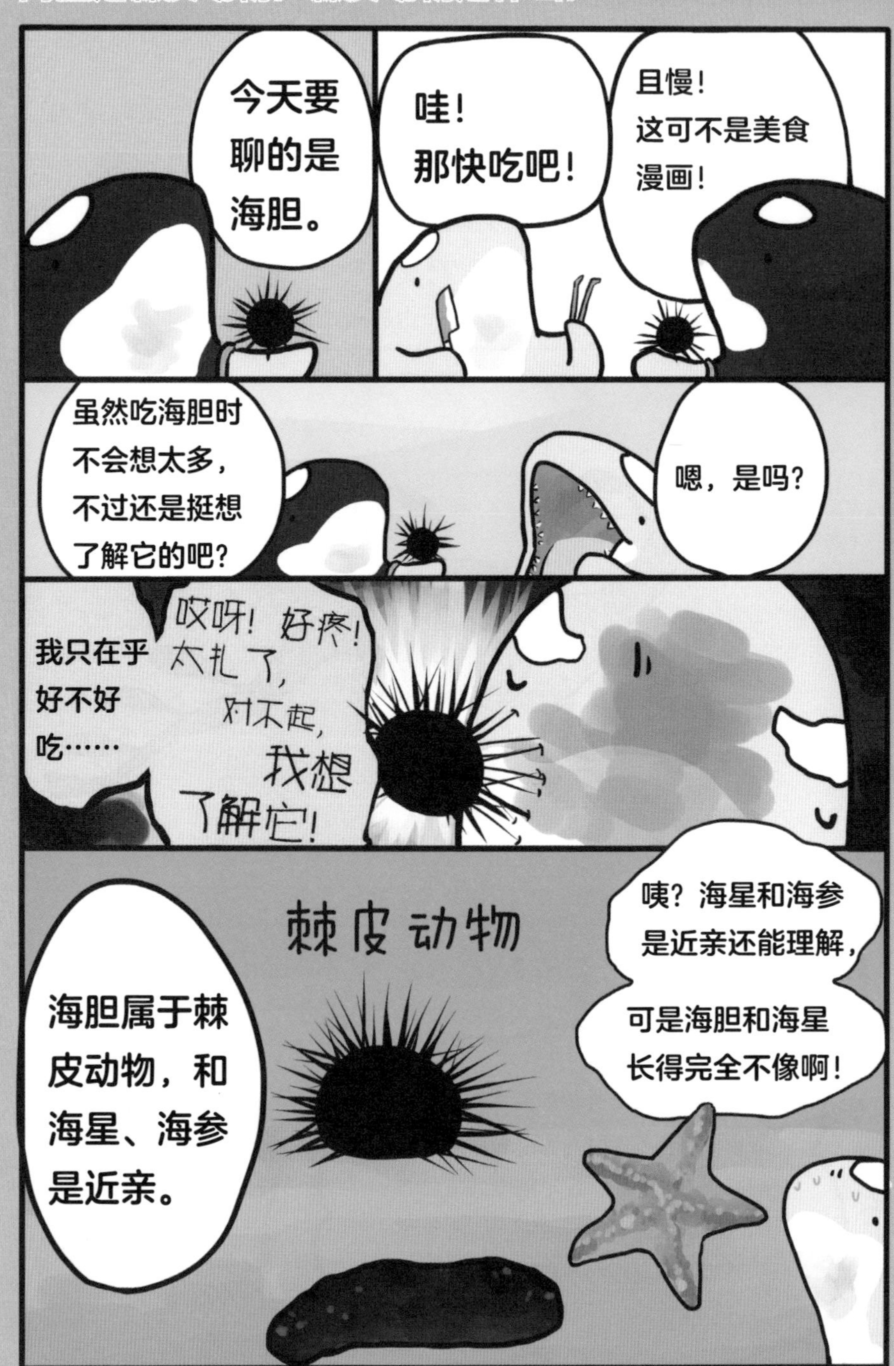

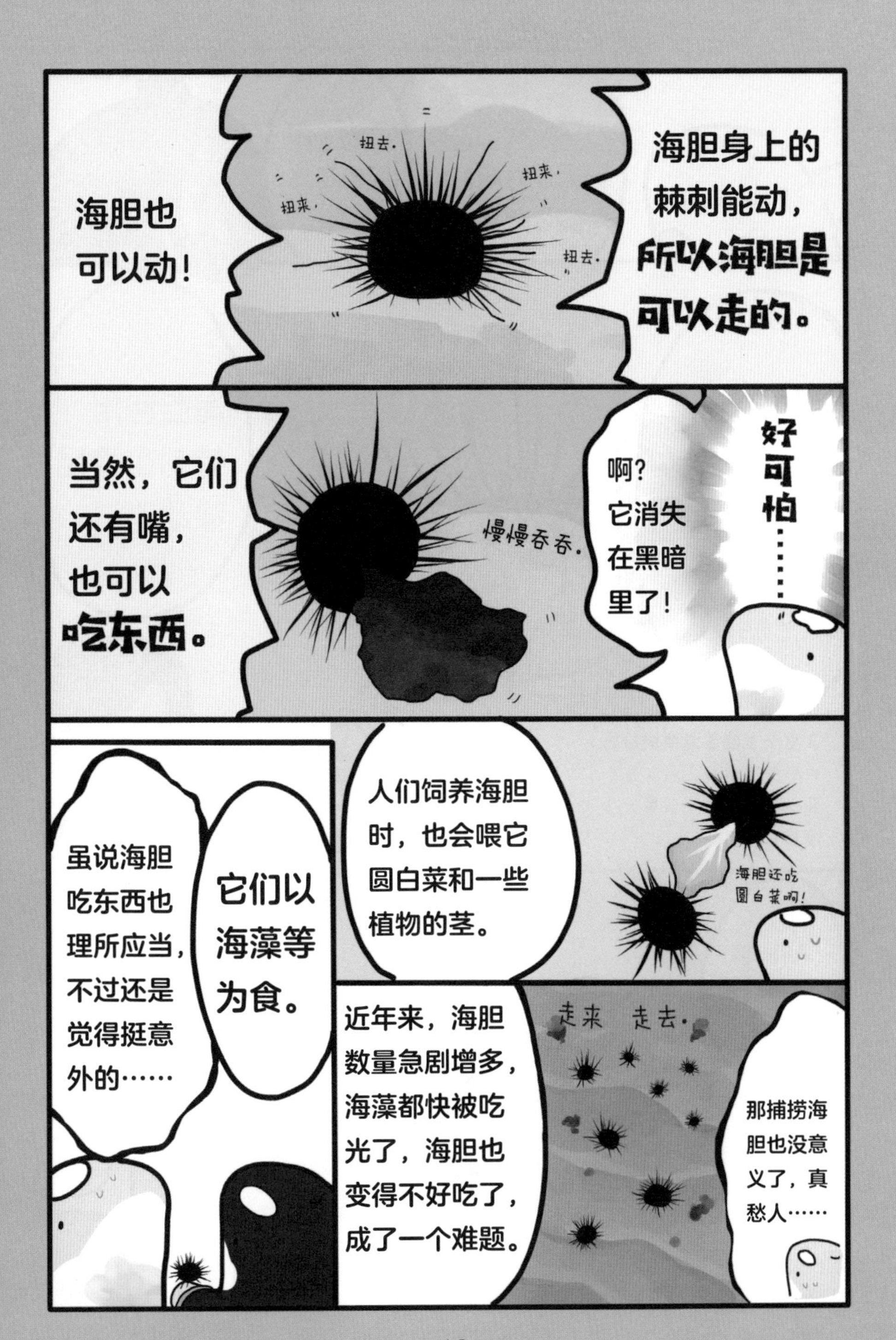
海胆也
可以动！
扭去。
扭来。
扭来。
扭去。
海胆身上的
棘刺能动，
所以海胆是
可以走的。
当然，它们
还有嘴，
也可以
吃东西。
慢慢吞吞。
啊？
它消失
在黑暗
里了！
好可怕……
虽说海胆
吃东西也
理所应当，
不过还是
觉得挺意
外的……
它们以
海藻等
为食。
人们饲养海胆
时，也会喂它
圆白菜和一些
植物的茎。
海胆还吃
圆白菜啊！
近年来，海胆
数量急剧增多，
海藻都快被吃
光了，海胆也
变得不好吃了，
成了一个难题。
走来 走去。
那捕捞海
胆也没意
义了，真
愁人……

海胆是棘皮动物，棘皮动物是什么？

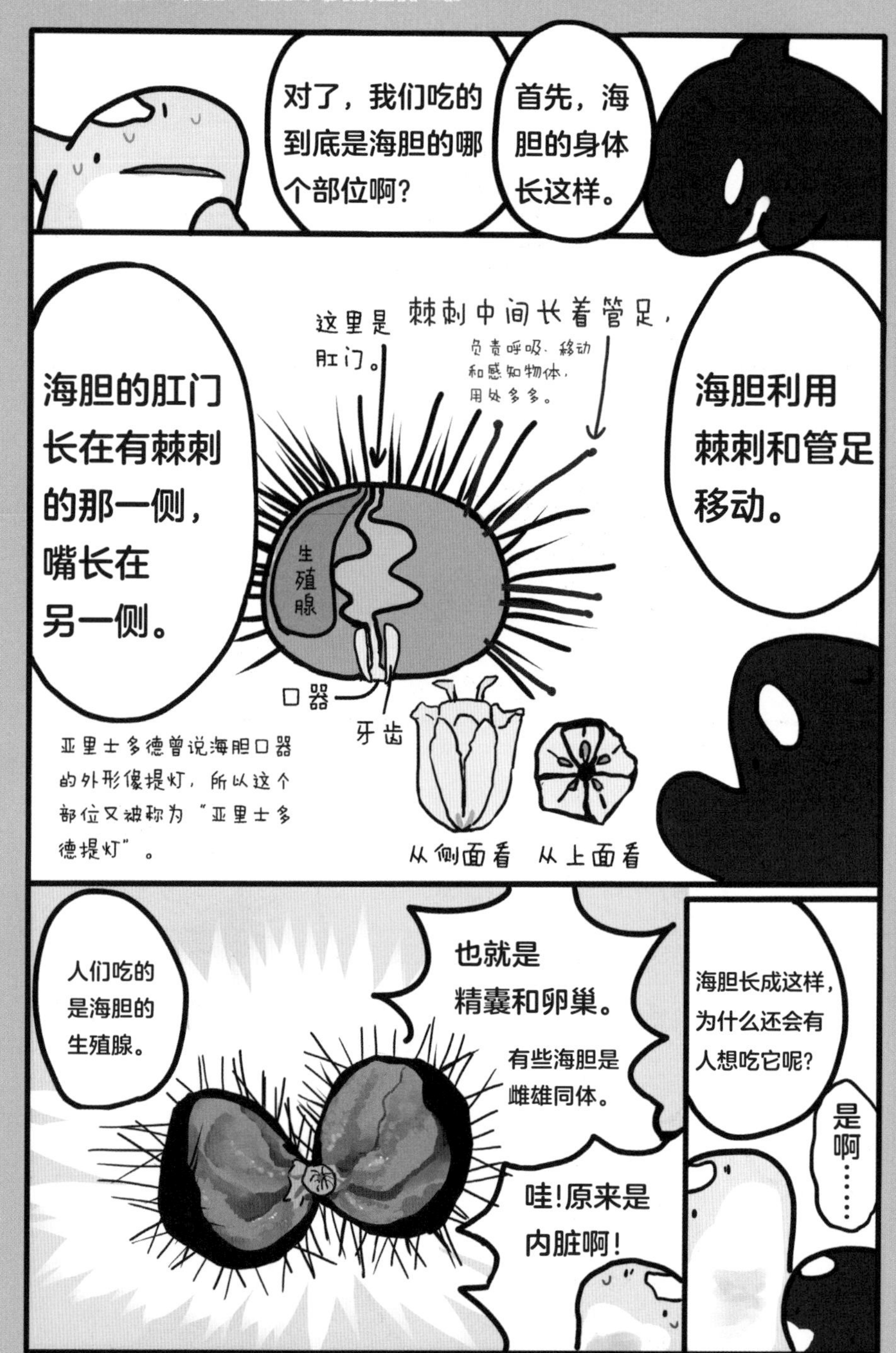

海胆的骨骼由五对步带板和间步带板相间排列构成。

海胆的骨骼

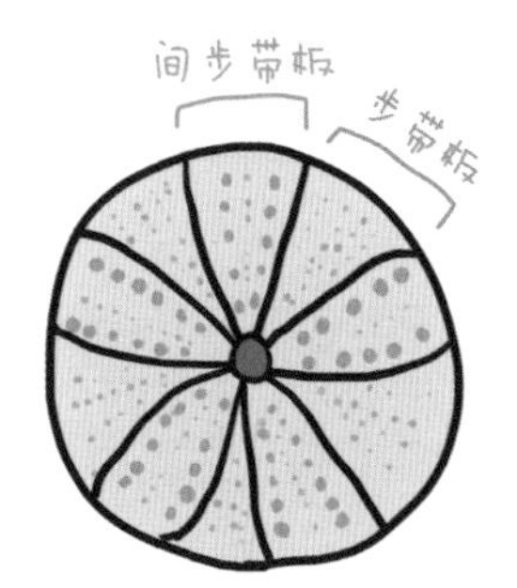


步带板上生有管足，
间步带板上则没有。

棘皮动物具有五辐射对称的特点，所以海星也长着五条腕。

海星的管足长在腕的下面。

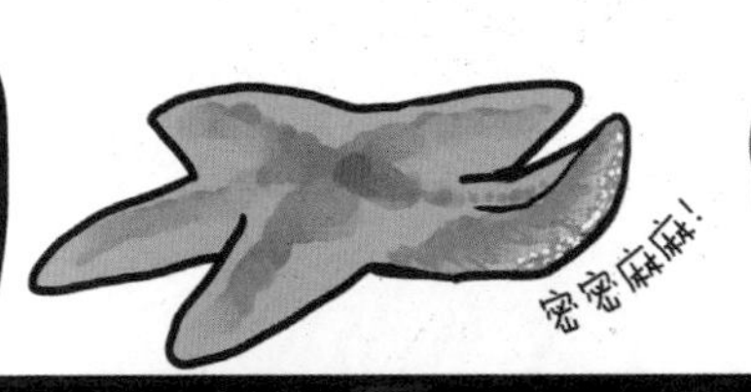


哇，看着有点儿吓人。

海星拥有强大的再生能力，哪怕只剩下一条腕，它也能顽强地活下去。

动物小档案⑮

# 海胆

分类：棘皮动物门海胆纲

英文名：Sea Urchin

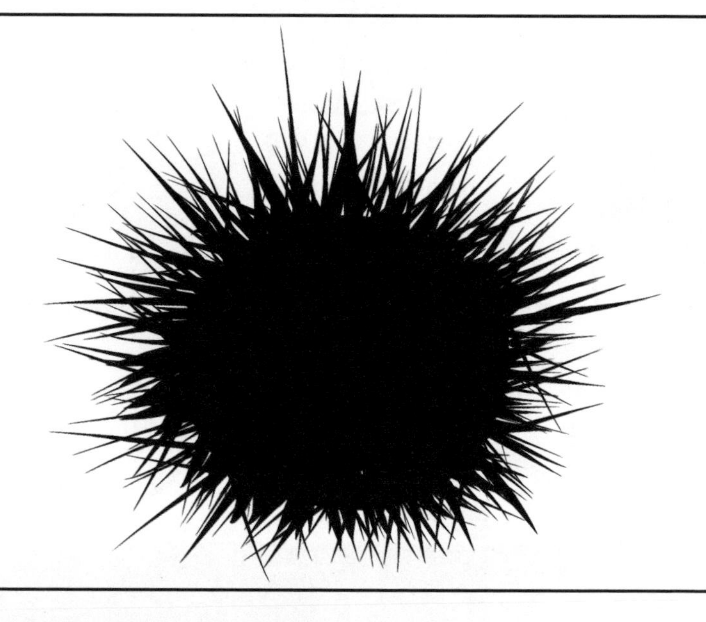

## 海胆究竟有几个名字？

在日语里，它的名字有“海栗”“海胆”“云丹”等不同写法，每种写法的侧重点各有不同。“海栗”是指外形像带壳栗子的活海胆，“海胆”是指取出来食用的生海胆，而“云丹”则是指用盐腌渍或者用酒加工过的海胆。

# 海星

分类：棘皮动物门海星纲

英文名：Starfish

## 星星的形状和手掌的形状

海星因为形似人的手掌，在日语里的名字与“人手”的读音相同。而在大多数语言中，海星的名字都与星星有关，如英语把海星叫作Starfish（星星鱼）、Sea star（海里的星星），汉语把它叫作海星，德语把它叫作Seestern（海里的星星）。

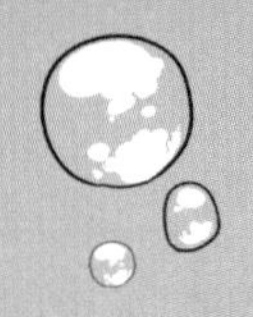

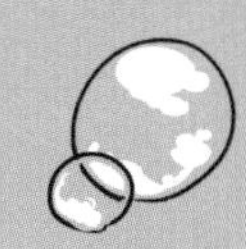

# 我太爱
# 海洋馆了

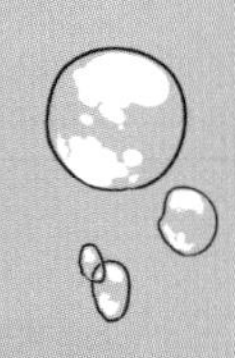

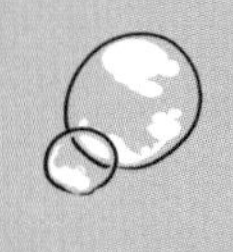

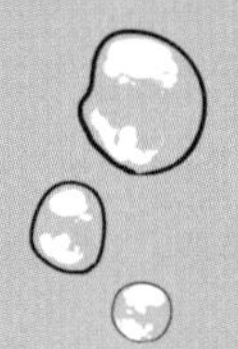

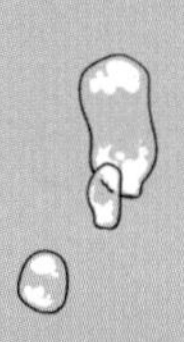

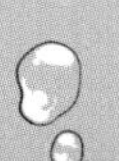

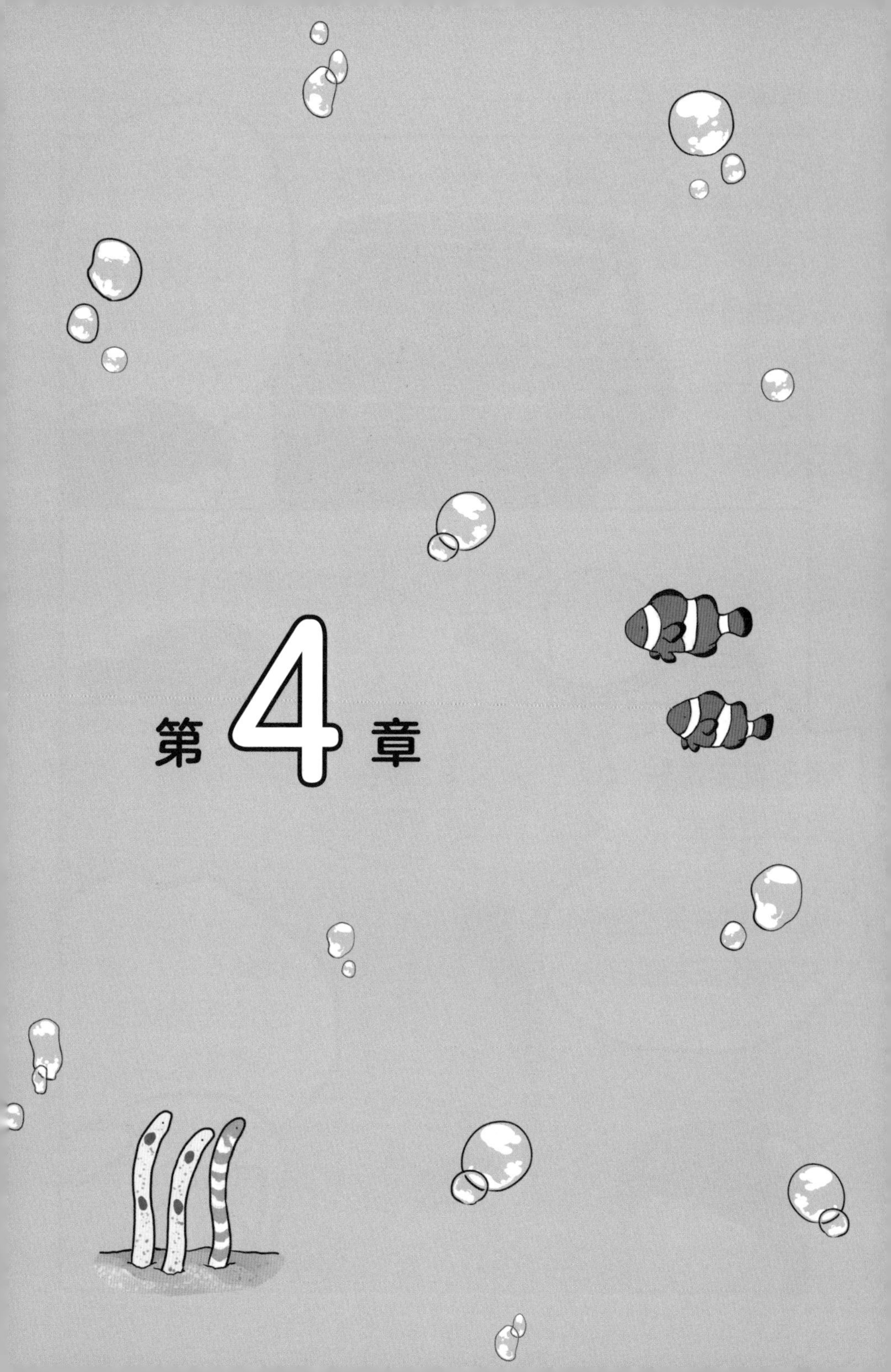

# 第4章

## 鳗鱼为什么那么贵?

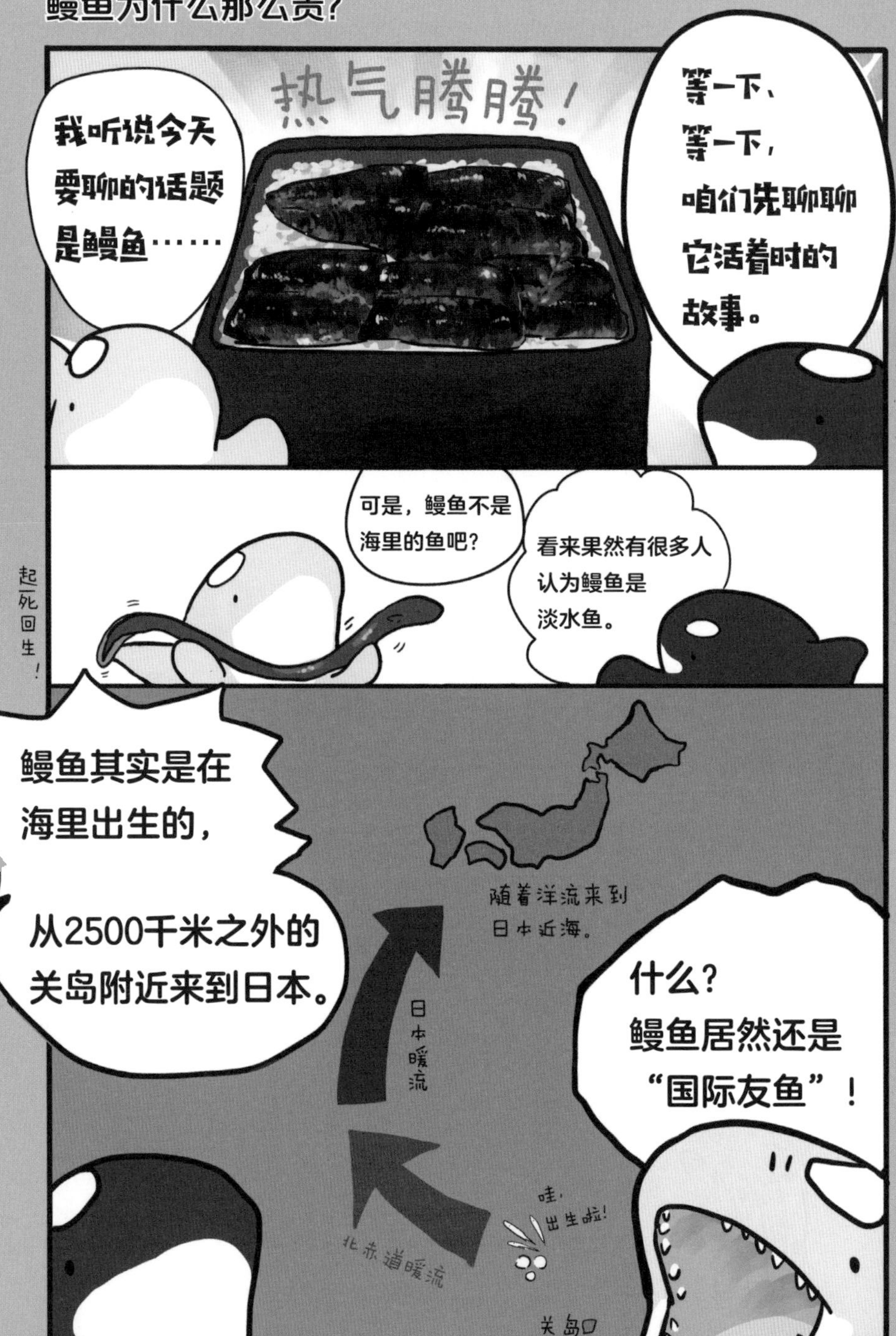

热气腾腾!
我听说今天要聊的话题是鳗鱼……
等一下、等一下,咱们先聊聊它活着时的故事。
怎么做熟了啊?
可是,鳗鱼不是海里的鱼吧?
看来果然有很多人认为鳗鱼是淡水鱼。
起死回生!
鳗鱼其实是在海里出生的,
从2500千米之外的关岛附近来到日本。
随着洋流来到日本近海。
日本暖流
北赤道暖流
哇,出生啦!
关岛
什么?鳗鱼居然还是"国际友鱼"!

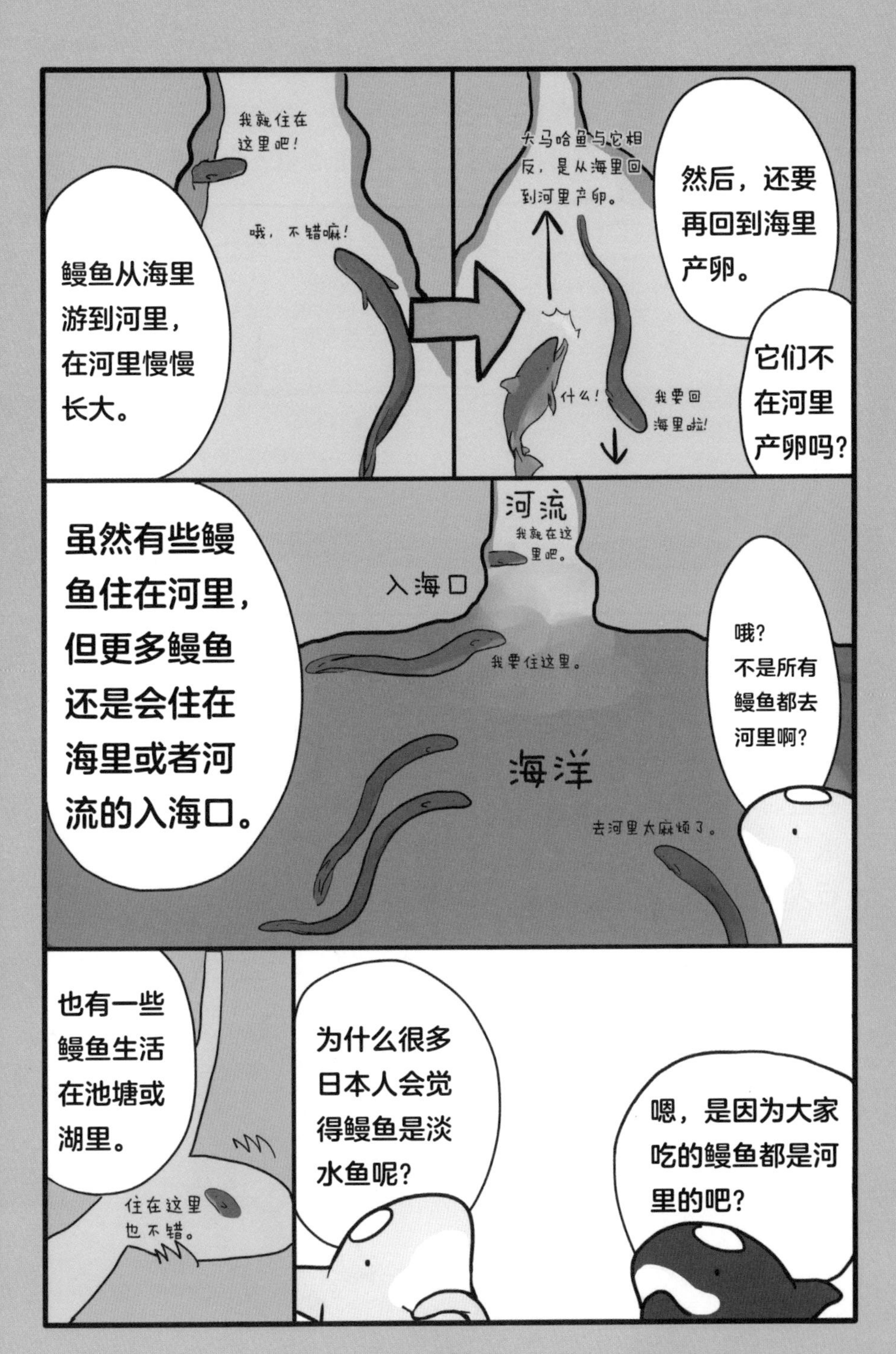
鳗鱼从海里游到河里，在河里慢慢长大。
我就住在这里吧！
哦，不错嘛！
大马哈鱼与它相反，是从海里回到河里产卵。
什么！
我要回海里啦！
然后，还要再回到海里产卵。
它们不在河里产卵吗？
虽然有些鳗鱼住在河里，但更多鳗鱼还是会住在海里或者河流的入海口。
河流
我就在这里吧。
入海口
我要住这里。
海洋
去河里太麻烦了。
哦？不是所有鳗鱼都去河里啊？
也有一些鳗鱼生活在池塘或湖里。
住在这里也不错。
为什么很多日本人会觉得鳗鱼是淡水鱼呢？
嗯，是因为大家吃的鳗鱼都是河里的吧？

鳗鱼在改变形态的同时一路迁徙，
在日本定居后，它的形态也还会继续变化。

**柳叶鳗幼体（柳叶鳗）**
由卵孵化而成，形状像扁平的树叶，
身体是透明的。

**玻璃鳗**
柳叶鳗随着洋流来到日本近海，
变成玻璃鳗。

**鳗线**
玻璃鳗透明的身体开始变黑。

**黄鳗**
这种鳗鱼生活在河流里，
我们平时吃的就是它。

**银鳗**
返回海洋之前，鳗鱼的身体会变成银白色。

目前日本养殖鳗鱼的方法是在近海捕捞玻璃鳗，然后进行人工饲养。

从卵开始养殖鳗鱼的难度很高，目前尚无法大规模应用。

还有一个神奇的现象，据说人工养殖的鳗鱼全都是**雄性**的。

啊？为什么？

可能是因为人工饲养的环境与自然的河流不一样吧。

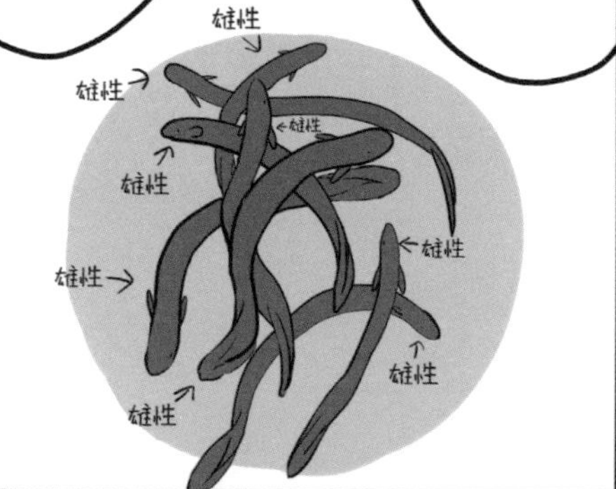

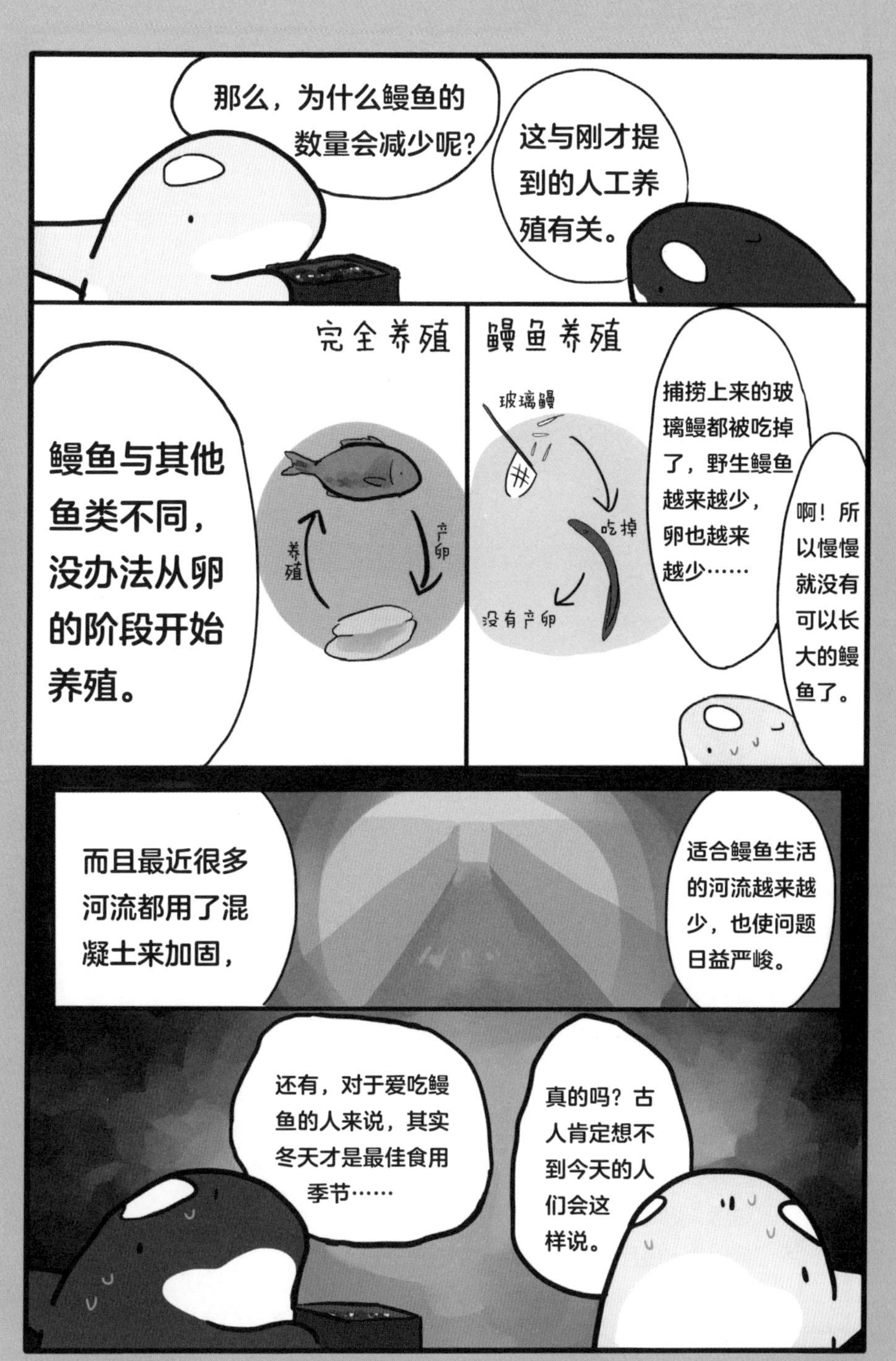


日本有夏天吃鳗鱼的习俗，据传是江户时期的博物学家平贺源内为了帮助鳗鱼商贩提升销量提出来的。

动物小档案⑰

# 鳗鲡

分类：鳗鲡目鳗鲡科

学名：*Anguilla japonica*

英文名：Japanese Eel

## 鳗鱼为什么一定要烤着吃？

你应该没见过鳗鱼生鱼片吧？其实，这是因为鳗鱼的血液有毒，进到眼睛、嘴巴或伤口里会引发感染。加热能破坏有毒物质，因此鳗鱼一般都是烤着吃的。不过据说也有餐厅会把鳗鱼血完全处理干净后做成生鱼片。

# 电鳗

分类：电鳗目裸背电鳗科

学名：*Electrophorus electricus*

英文名：Electric Eel

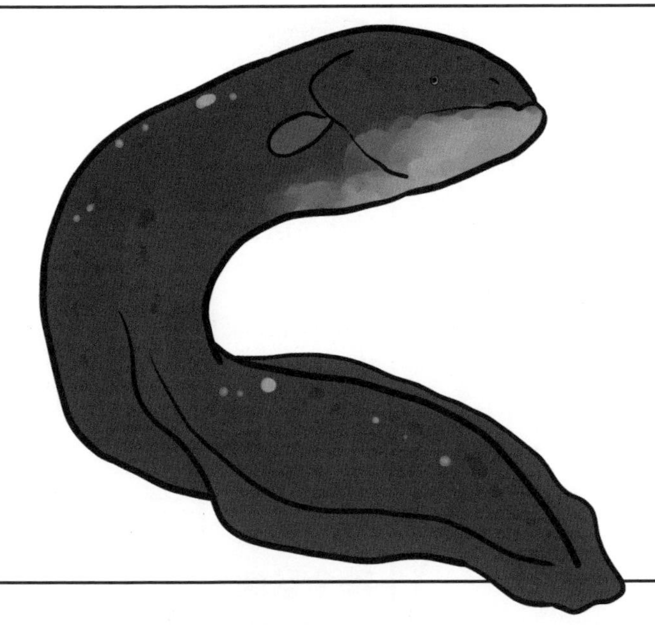

## 能杀死鳄鱼的强烈电击！

电鳗的名字里虽然也有鳗字，但它并不是鳗鱼，而是更接近鲤鱼和鲶鱼，是不是有点儿复杂？电鳗能释放出高达600~800伏特的电，从而将咬住它的鳄鱼电死。电鳗虽然自己不会被电死，但似乎也有一点儿触电反应，这种生物真奇怪。

## 有人在冒充！

快看！
好可爱的哈氏异康吉鳗！
不对，这个不是哈氏异康吉鳗！
啊？
竟然有这些厚颜无耻的家伙在冒充哈氏异康吉鳗……
喂！那个家伙！叫你呢！就是你！
它们究竟是谁啊?!

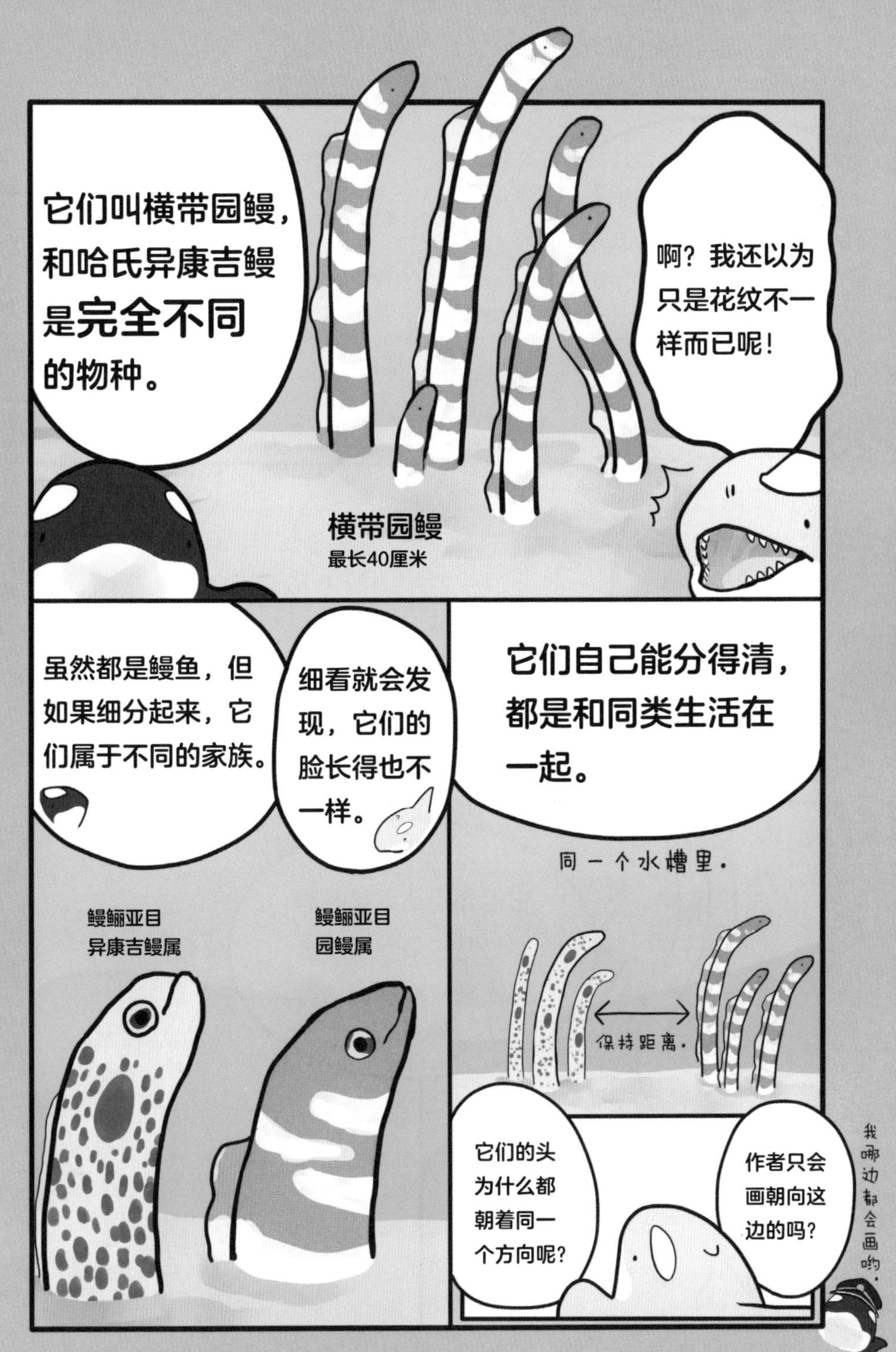
它们叫横带园鳗，和哈氏异康吉鳗是完全不同的物种。
啊？我还以为只是花纹不一样而已呢！
横带园鳗
最长40厘米
虽然都是鳗鱼，但如果细分起来，它们属于不同的家族。
细看就会发现，它们的脸长得也不一样。
鳗鲡亚目
异康吉鳗属
鳗鲡亚目
园鳗属
它们自己能分得清，都是和同类生活在一起。
同一个水槽里。
保持距离。
它们的头为什么都朝着同一个方向呢？
作者只会画朝向这边的吗？
我哪边都会画哟。

有人在冒充！

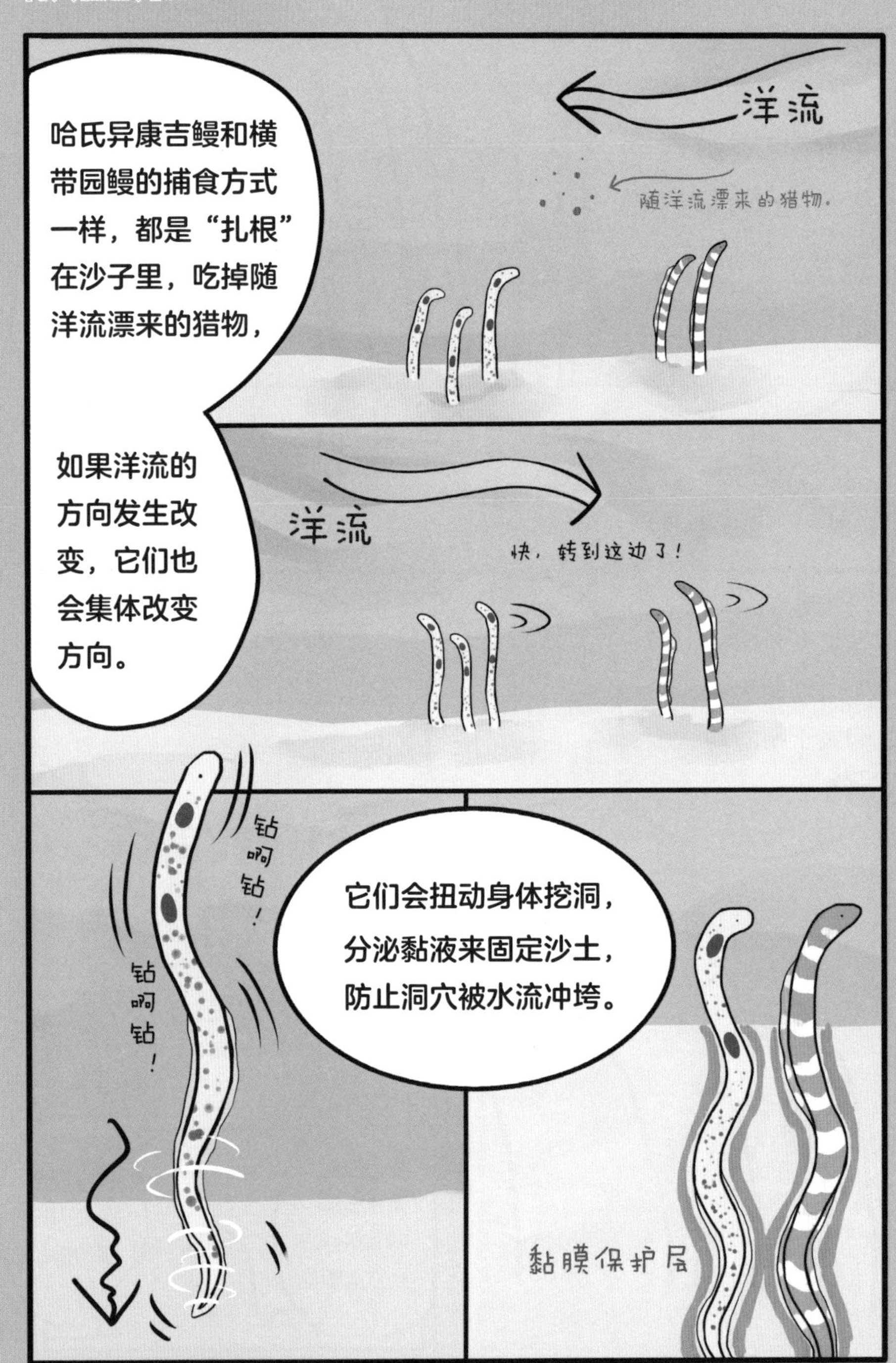

哈氏异康吉鳗和横带园鳗的捕食方式一样，都是"扎根"在沙子里，吃掉随洋流漂来的猎物，
洋流
随洋流漂来的猎物。
如果洋流的方向发生改变，它们也会集体改变方向。
洋流
快，转到这边了！
钻啊钻！
钻啊钻！
它们会扭动身体挖洞，分泌黏液来固定沙土，防止洞穴被水流冲垮。
黏膜保护层

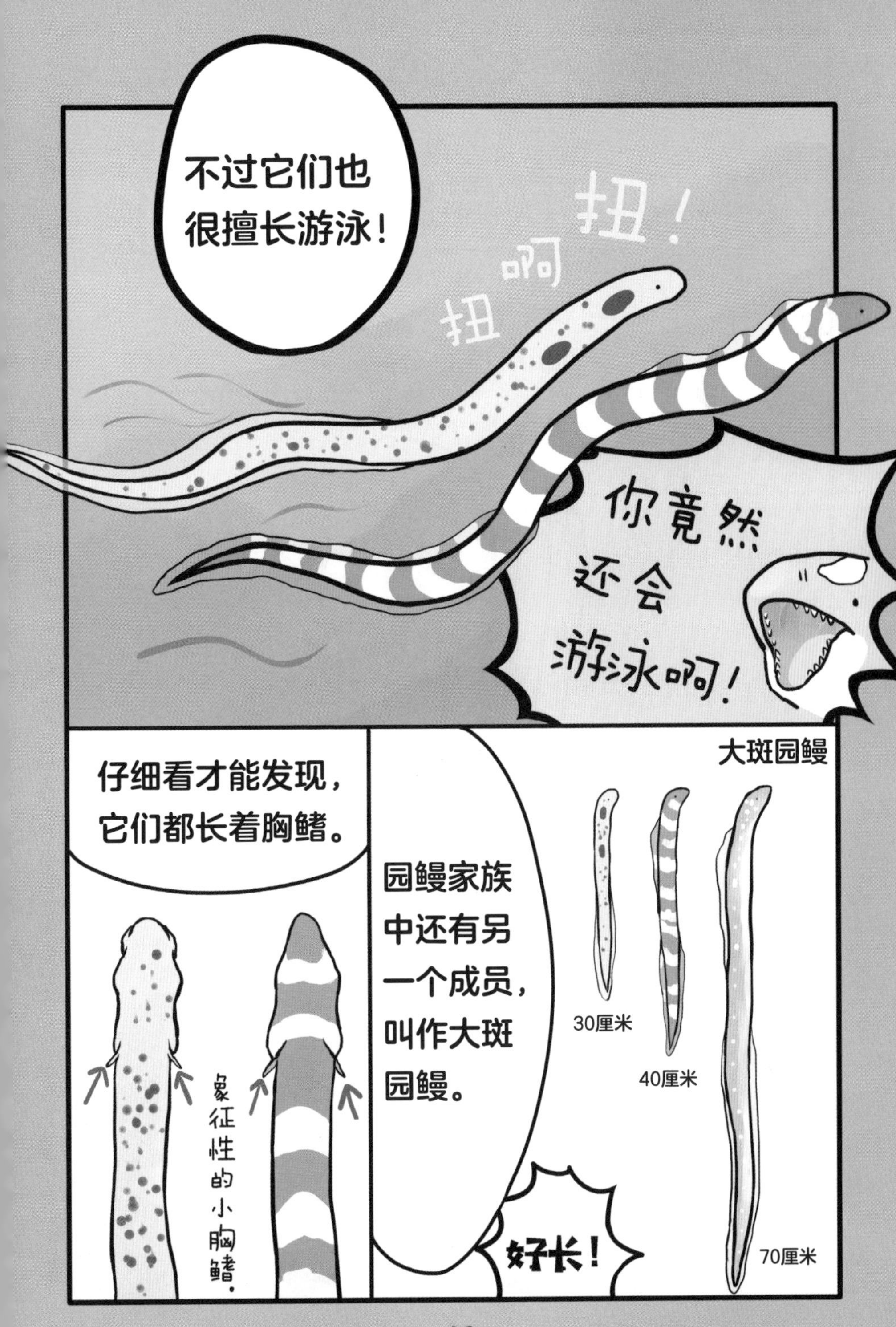
不过它们也
很擅长游泳！
扭啊扭！
你竟然
还会
游泳啊！
仔细看才能发现，
它们都长着胸鳍。
象征性的小胸鳍。
园鳗家族
中还有另
一个成员，
叫作大斑
园鳗。
大斑园鳗
30厘米
40厘米
70厘米
好长！

动物小档案⑲

# 哈氏异康吉鳗

分类：鳗鲡目康吉鳗科

学名：*Heteroconger hassi*

英文名：Spotted Garden Eel

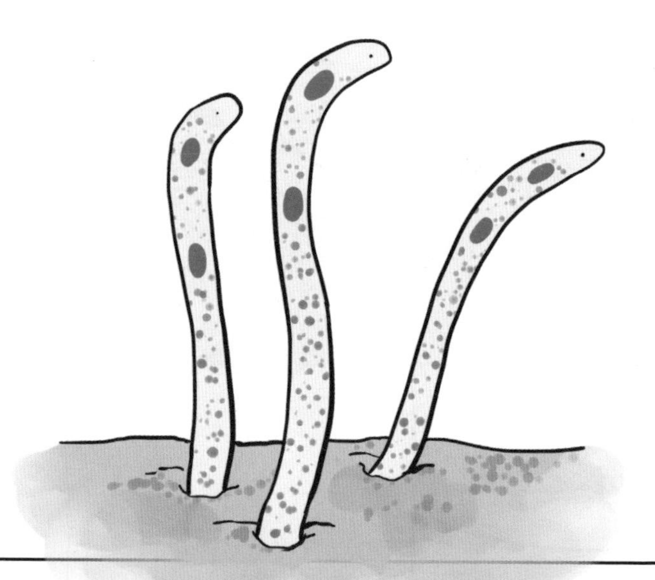

## 成群结队、摇曳生姿的家伙们

哈氏异康吉鳗会将下半身埋在沙子里，只露出上半身随着海水晃动，看上去就像花园里随风摇摆的植物，所以才有了“花园鳗”的俗称。你可千万不要把它拔出来哟！

# 大斑园鳗

分类：鳗鲡目康吉鳗科

学名：*Gorgasia maculata*

英文名：Whitespotted Garden Eel

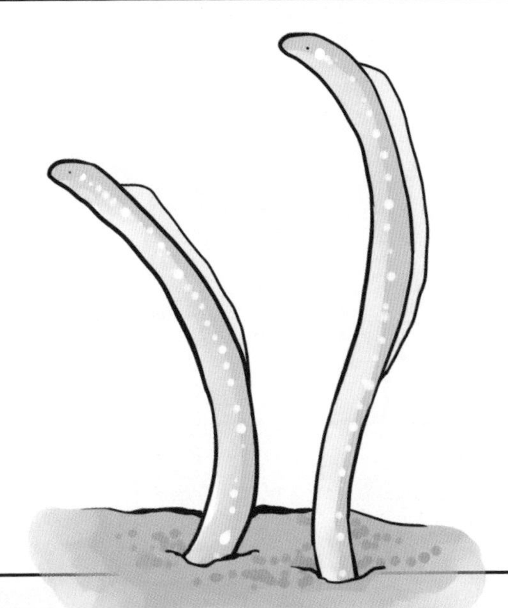

## 身上长有白色斑点的大个头儿

在日语中，大斑园鳗的名字是由英文直接音译而成的，意思是长在院子里的、身上长满斑点的白色鳗鱼。大斑园鳗的体长是哈氏异康吉鳗的2倍。会不会有人想把它们也拔出来呢？

## 雄性小丑鱼可能突然变性

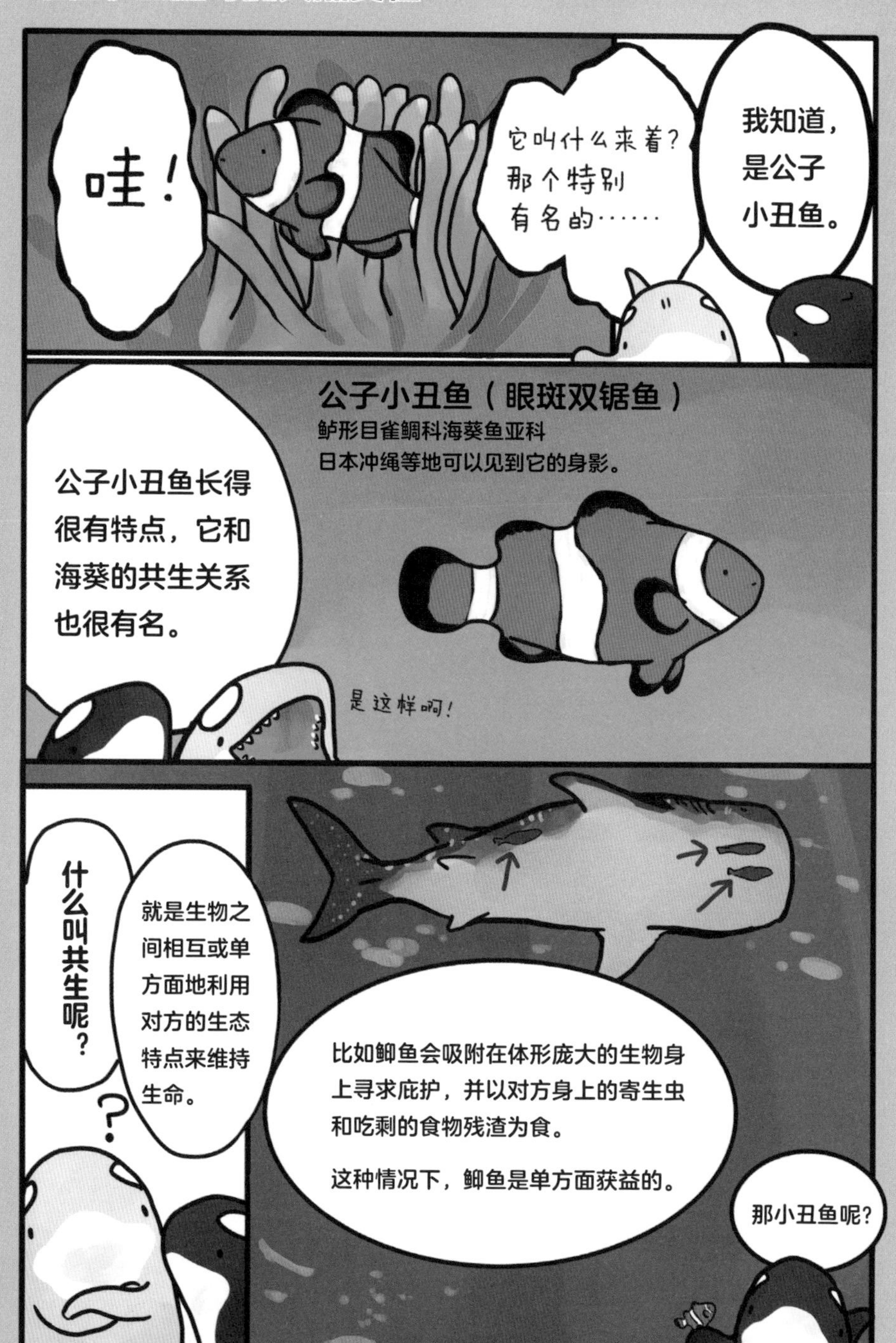

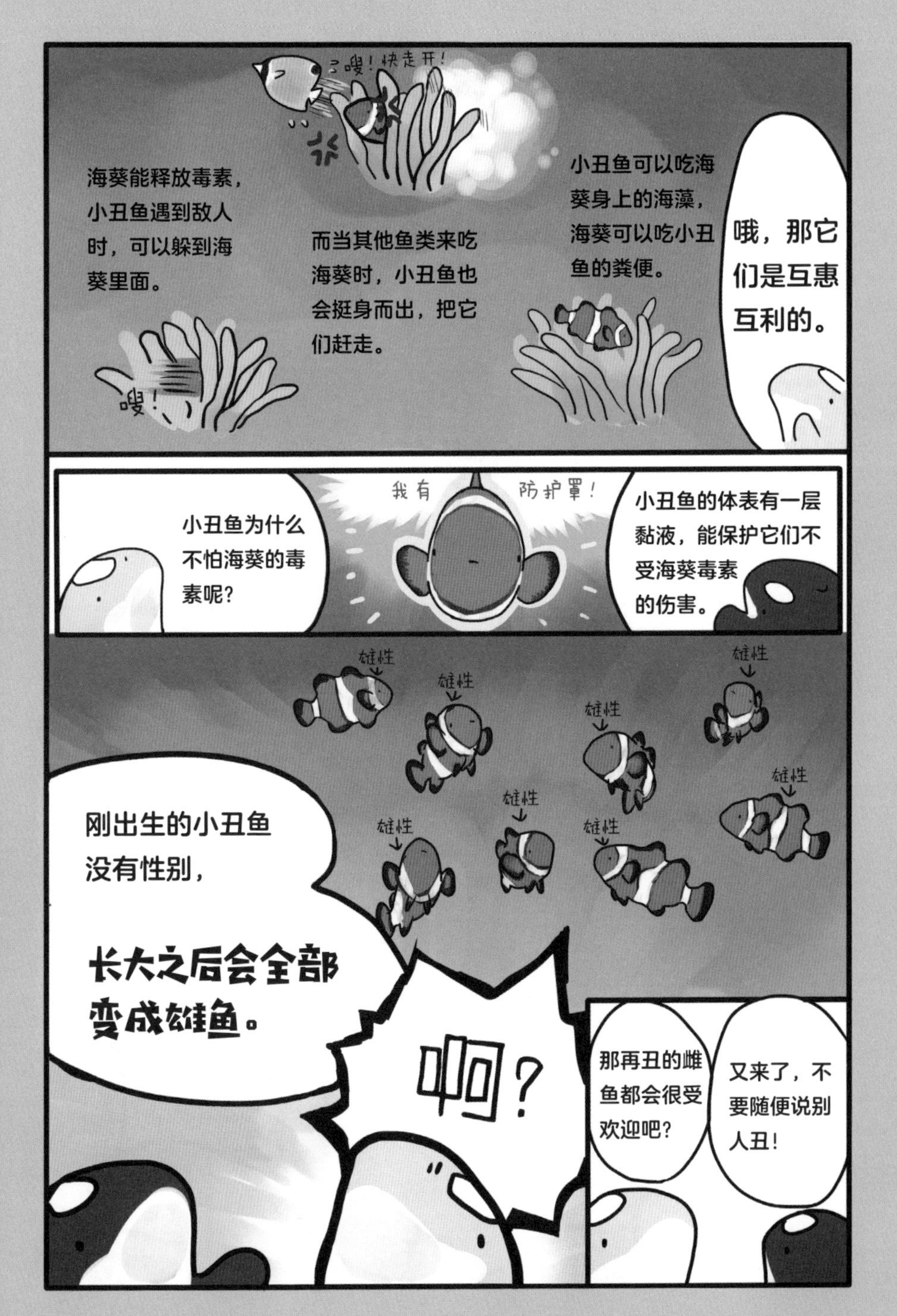
嗖！快走开！
海葵能释放毒素，小丑鱼遇到敌人时，可以躲到海葵里面。
而当其他鱼类来吃海葵时，小丑鱼也会挺身而出，把它们赶走。
嗖！
小丑鱼可以吃海葵身上的海藻，海葵可以吃小丑鱼的粪便。
哦，那它们是互惠互利的。
小丑鱼为什么不怕海葵的毒素呢？
我有 防护罩！
小丑鱼的体表有一层黏液，能保护它们不受海葵毒素的伤害。
雄性
雄性
雄性
雄性
雄性
雄性
雄性
雄性
刚出生的小丑鱼没有性别，
长大之后会全部变成雄鱼。
啊？
那再丑的雌鱼都会很受欢迎吧？
又来了，不要随便说别人丑！

## 雄性小丑鱼可能突然变性

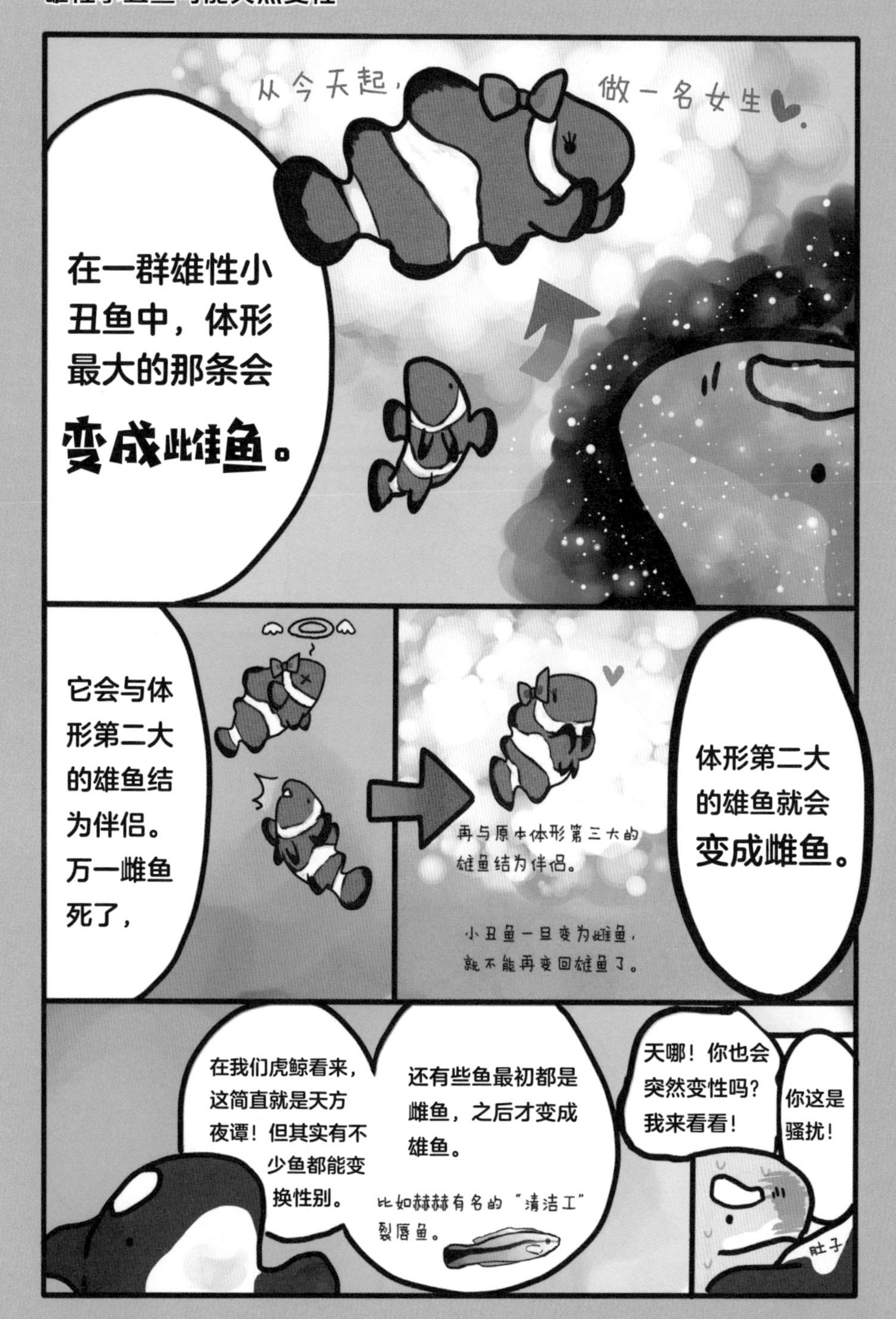

除了公子小丑鱼，
小丑鱼家族里还有很多成员，
大家一起来认识一下吧！

## 公子小丑鱼

最有名的一种小丑鱼。
据说是因为小丑鱼扭动身体游动的样子很像小丑，因此得名。

## 三带双锯鱼

由于公子小丑鱼并不生活在大堡礁附近，所以有研究认为，大家熟悉的小丑鱼其实是这种三带双锯鱼。

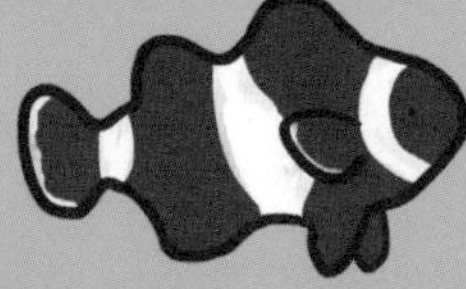

## 黑公子小丑鱼

公子小丑鱼的改良品种。

## 黑边公子小丑鱼

## 白条双锯鱼

## 颈环双锯鱼

动物小档案㉑

# 公子小丑鱼

分类：鲈形目雀鲷科

学名：*Amphiprion ocellaris*

英文名：Ocellaris Clownfish, Common Clownfish, False Percula Clownfish

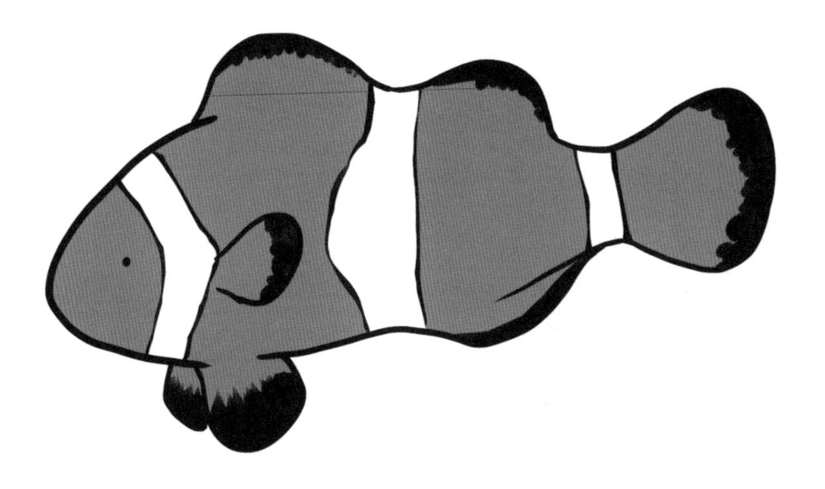

## 究竟谁才是小丑鱼?

在日本冲绳附近也有公子小丑鱼。澳大利亚的大堡礁有一种三带双锯鱼与它极其相似，但日本没有三带双锯鱼。两者的栖息地不同，所以根据生活地点，可以判断出它究竟是哪一种小丑鱼。

# 海葵

分类：刺胞动物门海葵目

英文名：Sea Anemone

## 水母、珊瑚和海葵，其实是亲戚

你可能会认为珊瑚和海葵是植物，而水母是动物……其实它们同属刺胞动物门，都是动物。珊瑚、海葵也有嘴和胃，海葵甚至还有脚，可以移动。是不是感觉有点儿可怕？

## 海洋动物爆笑漫画

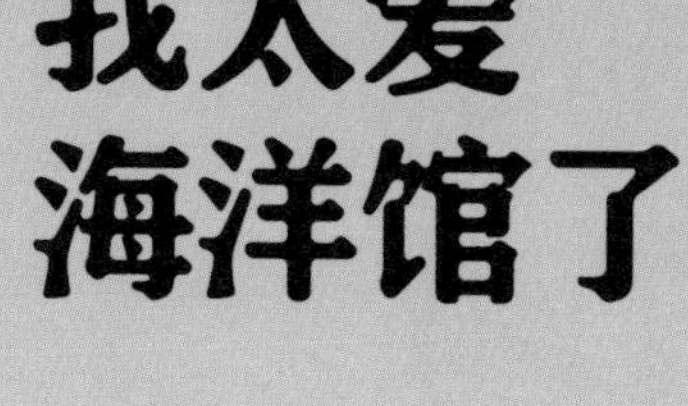

# 我太爱海洋馆了

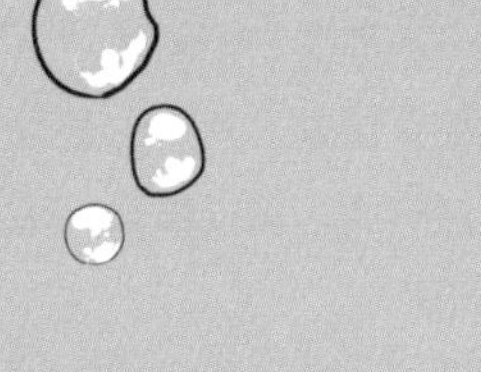

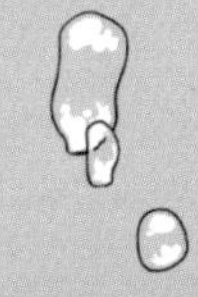

# 第5章

# 有的鲨鱼能人工饲养，有的却不能

鲨鱼中最有名的应该就是大白鲨了。
没错没错。
但是，为什么在海洋馆里看不到大白鲨呢？
鲸鲨的个头儿更大，却经常能在海洋馆里看到。
大白鲨
4～6米
鲸鲨
10～13米
哦，那是因为——

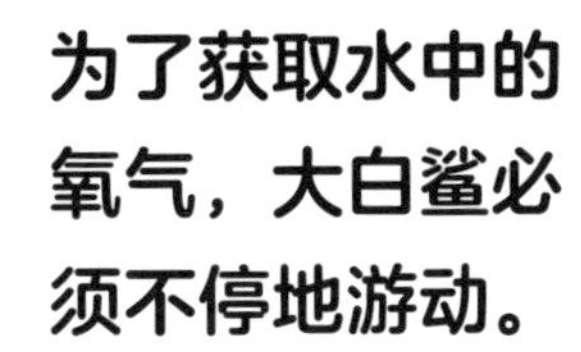

为了获取水中的氧气，大白鲨必须不停地游动。

呼吸时，它用嘴吸入海水，再从鳃把海水排出去。

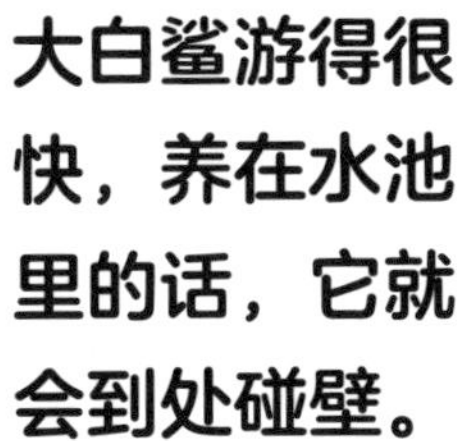

大白鲨游得很快，养在水池里的话，它就会到处碰壁。

咣当!
砰!

鲨鱼的种类不同，脾气秉性也不一样，有些鲨鱼不适合人工饲养。

无法人工饲养的鲨鱼

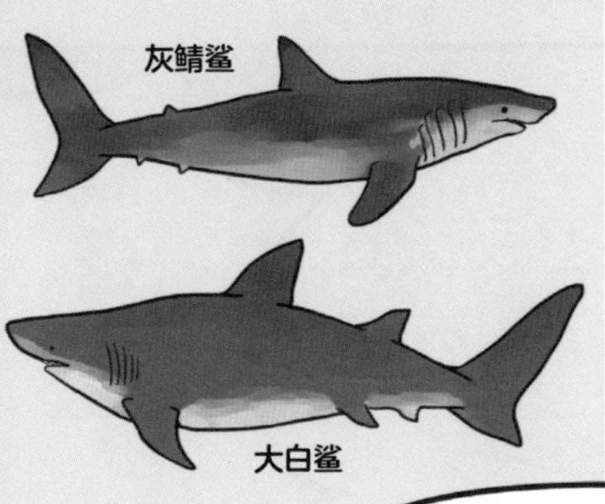


体形巨大但性格温和的鲨鱼

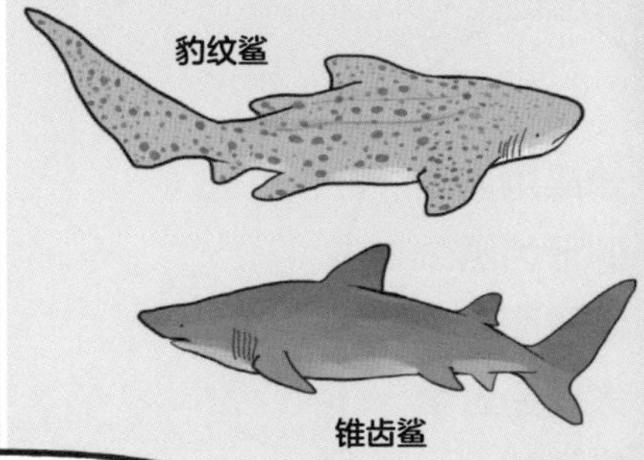


看来能否人工饲养与体形大小没什么关系。

有的鲨鱼能人工饲养，有的却不能

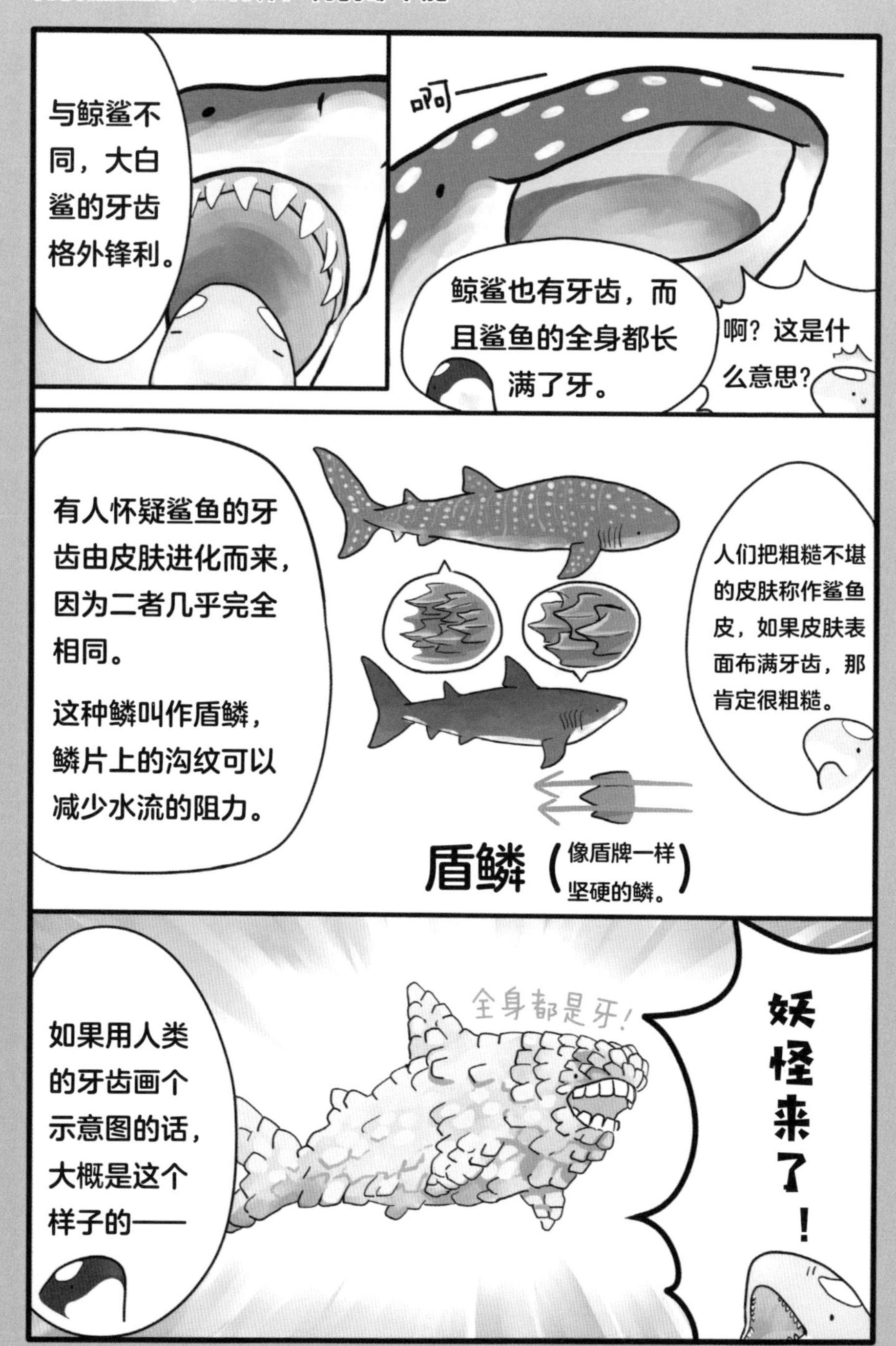

与鲸鲨不同，大白鲨的牙齿格外锋利。
啊——
鲸鲨也有牙齿，而且鲨鱼的全身都长满了牙。
啊？这是什么意思？
有人怀疑鲨鱼的牙齿由皮肤进化而来，因为二者几乎完全相同。
这种鳞叫作盾鳞，鳞片上的沟纹可以减少水流的阻力。
人们把粗糙不堪的皮肤称作鲨鱼皮，如果皮肤表面布满牙齿，那肯定很粗糙。
盾鳞（像盾牌一样坚硬的鳞。）
如果用人类的牙齿画个示意图的话，大概是这个样子的——
全身都是牙！
妖怪来了！

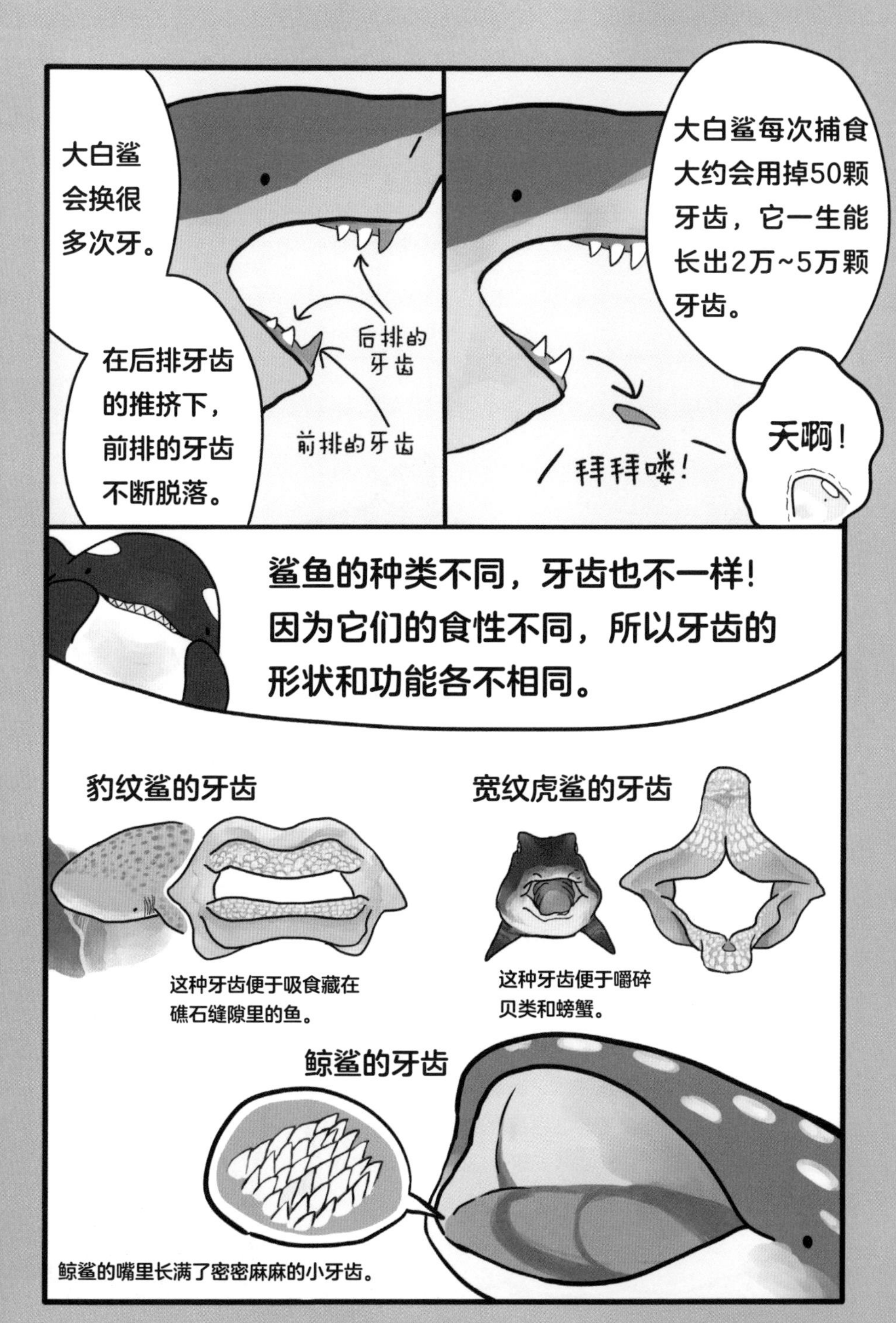
大白鲨会换很多次牙。
在后排牙齿的推挤下，前排的牙齿不断脱落。
后排的牙齿
前排的牙齿
大白鲨每次捕食大约会用掉50颗牙齿，它一生能长出2万~5万颗牙齿。
天啊！
拜拜喽！
鲨鱼的种类不同，牙齿也不一样！因为它们的食性不同，所以牙齿的形状和功能各不相同。
豹纹鲨的牙齿
这种牙齿便于吸食藏在礁石缝隙里的鱼。
宽纹虎鲨的牙齿
这种牙齿便于嚼碎贝类和螃蟹。
鲸鲨的牙齿
鲸鲨的嘴里长满了密密麻麻的小牙齿。

动物小档案㉓

# 鲸鲨

分类：须鲨目鲸鲨科

学名：*Rhincodon typus*

英文名：Whale Shark

## 世界上最大的“休闲家居服”？

鲸鲨背部布满了圆形斑点，就像穿了一件休闲家居服，据说它的日语名字就是这样得来的。它身上的图案是不是很可爱？鲸鲨的体长可达13米，所以这大概算得上是世界上最大的“休闲家居服”了吧！

# 大白鲨

分类：鼠鲨目鼠鲨科

学名：*Carcharodon carcharias*

英文名：Great White Shark

## 鲨鱼的探测器——劳伦氏壶腹

鲨鱼的头部散布着许多小小的孔，这些就是劳伦氏壶腹，它能够捕捉猎物活动产生的微弱电流。这个器官极为敏感，遭受重创会导致感觉失灵。据说如果想击退大白鲨，最有效的办法就是打它的鼻子。

## 海獭吃大餐，原因很重要

咔嚓！
咔嚓！
对了，海獭也会吃海胆吧！
真会享受啊！
……
吃啊吃。
咔嚓！
咔嚓！
海獭没有厚厚的脂肪，所以每天要吃掉重达10千克的食物。
如果海獭灭绝了，海洋就会陷入危机！
嘿！
呃……

首先，海胆会吃海藻。

这个咱们之前说过。

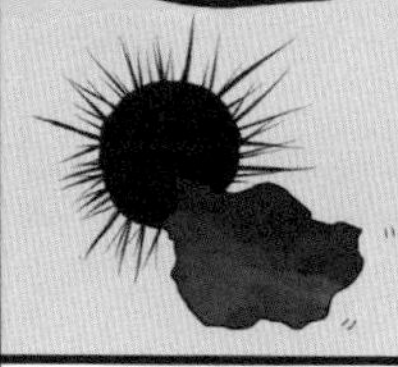

如果海胆太多了，就会把海藻吃光，使海底变成一片荒漠。

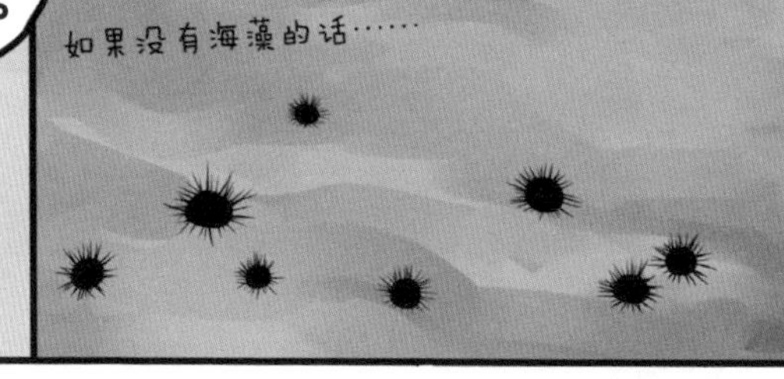


那么，没有海藻会带来什么危害呢？

以海藻为食的鲍鱼和蝾螺就会减少，而且鱼类也无法再在海藻中产卵，

海胆也会逐渐陷入食物匮乏的境地……

没精打采……

※示意图

最终，这片海域就会成为生物无法栖息的死亡地带。

空荡荡……

哇！这样看来，海藻真是太重要了！

看我的！
这时，就轮到海獭登场了！
加油！
没错！只要海獭捕食海胆……
发现海胆啦！

就能维持生态平衡，让各种生物的数量保持在合理范围内，彼此共存。
海獭吃海胆
海藻获救
海胆吃海藻
维持大自然的生态平衡.
哇，大自然真是太神奇了！

在过去，人们曾经为了取得毛皮而大量捕杀海獭，导致生态系统失衡。

在那之前，咱们应该有很多海獭可以随便吃个饱吧？
嗯，虎鲸也为控制海獭数量贡献了力量。

顺便说一句，海獭和水獭是亲戚呢。
耶！
就是这两位！住在河里的是水獭，住在海里的是海獭。
河流
海洋
没错没错！
水獭家族还有一个成员，名叫巨獭。
巨獭
水獭家族体形最大的成员。从头到尾最长可达2米。
它长得好吓人啊!!
与水獭给人的印象截然不同。
水獭家族中最受欢迎的是
亚洲小爪水獭。
它是体形最小的水獭，身长40~65厘米。
獭粉必读
太可爱了！我们是喜欢水獭的獭粉。
喜欢水獭的人可以叫作“獭粉”。
可不是“河粉”“米粉”的那个粉哟！
没想到有这么多水獭爱好者！

动物小档案㉕

# 海獭

分类：食肉目鼬科

学名：*Enhydra lutris*

英文名：Sea Otter

## 毛发护理专家——海獭

海獭有着动物界最浓密的皮毛，因此它每天要花一大半的时间忙着打理皮毛。海獭可以让全身上下8亿根毛每天都松软亮丽，是当之无愧的顶级毛发护理师。怎么样？想请它帮忙护理一下吗？

# 亚洲小爪水獭

分类：食肉目鼬科

学名：*Aonyx cinerea*

英文名：Asian Small-clawed Otter

## 体形娇小却不容小觑的水獭

与海獭一样，亚洲小爪水獭也是鼬科动物，是水獭家族里体形最小的一种。它的咬合力很强，可以轻松嚼碎贝类和甲壳动物。亚洲小爪水獭喜欢把爪子伸到岩石缝隙里捕食。

## 去鸟羽海洋馆玩……不对，是去工作！

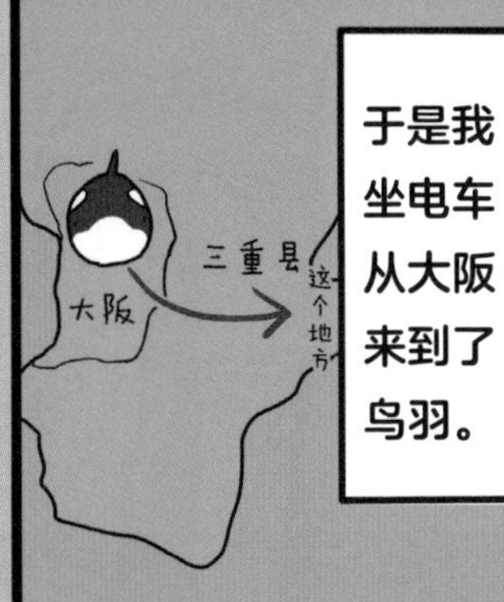


于是我坐电车从大阪来到了鸟羽。

三个小时之后，我下车一看：

哇！

大海！

这是我第一次独自旅行，也是美好的夏日回忆。

（不过有一半是为了工作。）

来到陌生的地方让我特别开心。

去鸟羽海洋馆玩……不对，是去工作！

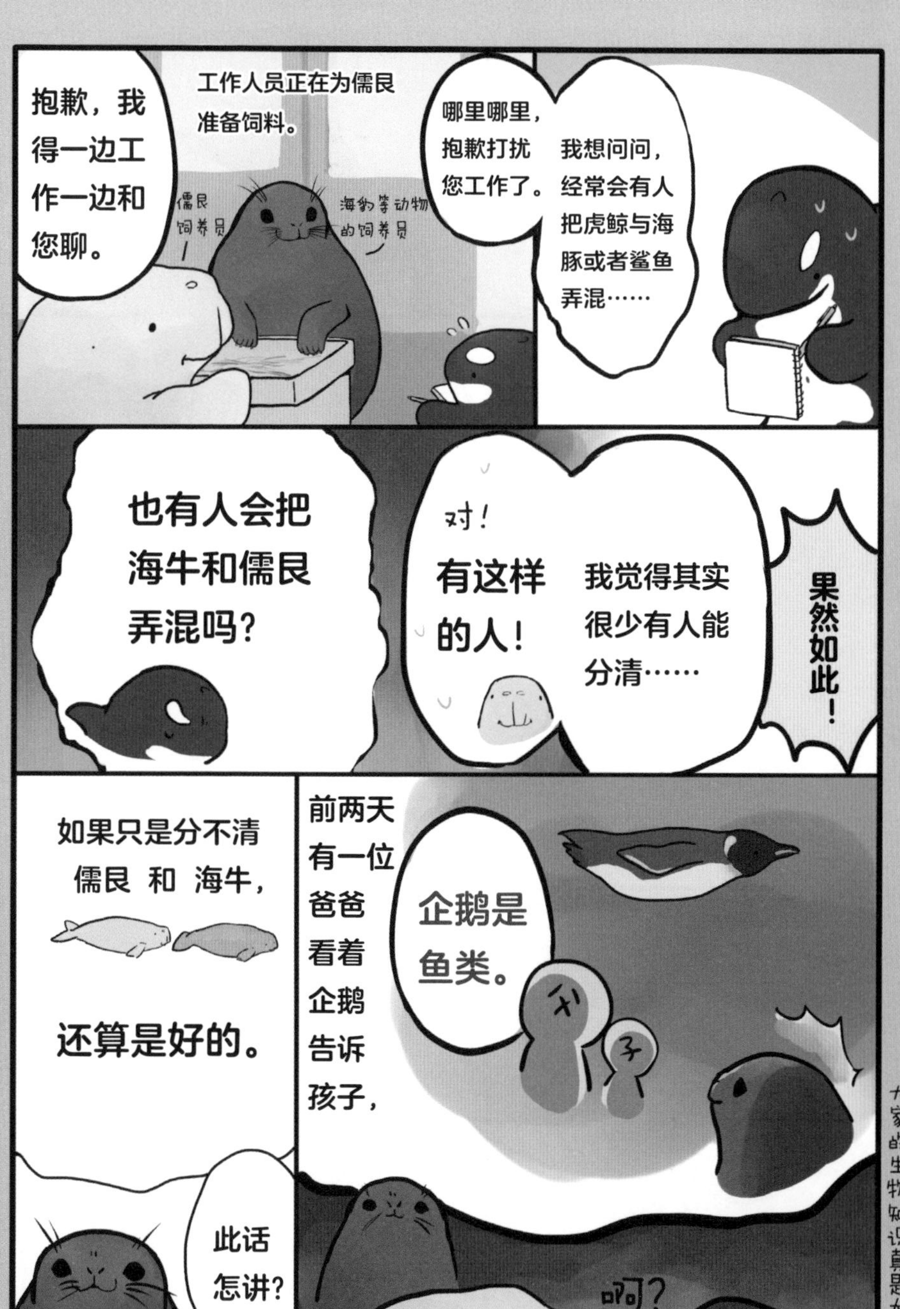
抱歉，我得一边工作一边和您聊。
工作人员正在为儒艮准备饲料。
儒艮饲养员
海豹等动物的饲养员
哪里哪里，抱歉打扰您工作了。
我想问问，经常会有人把虎鲸与海豚或者鲨鱼弄混……
也有人会把海牛和儒艮弄混吗？
对！
有这样的人！
我觉得其实很少有人能分清……
果然如此！
如果只是分不清儒艮 和 海牛，
还算是好的。
此话怎讲？
前两天有一位爸爸看着企鹅告诉孩子，
企鹅是鱼类。
父
子
啊？
大家的生物知识真是太匮乏了。

去鸟羽海洋馆玩……不对，是去工作！

机会难得，您想体验一下喂儒艮吗？
哇！可以吗？
儒艮的身上有毛，摸上去和海豚的手感不太一样。当然每个人的感受都不同，还有人说儒艮摸起来像橡胶。
我自己感觉有点像橡皮泥。
于是，我给儒艮喂了食，还摸了摸它。
那我就不客气喽！
摸一摸。
它叫塞丽娜，特别温和，一动不动地等着我摸。
儒艮摸起来确实有一点点像海豚，但是手感更粗糙，可能是因为它身上长着稀疏的毛，摸着有点儿硬。
其实，当时我也是第一次见到儒艮。
后来因为每天都看着它，日久生情，儒艮就变成我最喜欢的动物了。
我初次见面就喜欢上了儒艮，饲养员和它朝夕相处，肯定会像对待自己的孩子一样疼爱它。
……
塞丽娜不知道为什么一直贴着水池壁一动不动。
呵呵呵。
果然是百闻不如一见啊。
下一页为大家介绍海獭。

去鸟羽海洋馆玩……不对，是去工作！

接着，我又去采访了海獭饲养员。
您好！我想请教一下，作为饲养员，您觉得海獭哪里最可爱呢？
你问我海獭哪里最可爱？
当然是浑身上下都可爱啊！
所言极是！
失敬了！
咯吱 咯吱！
我想想啊，
我觉得它们这种想办法使用工具的做法特别可爱。
我们会给海獭投喂贝壳，有的海獭就会用贝壳来刷牙。
它们还会刷牙?!
是啊！

我看到水底有
很多大小近似
的贝壳碎片，
觉得很奇怪，
后来才发现，
原来是它们
为了刷牙做
的工具。
哇！海
獭好聪
明啊！
咔嚓！
咔嚓！
听说其他海洋馆
不投喂贝壳，
所以没有发现
海獭会这样做。
海獭真是
既聪明
又爱干净！
海獭的爪子
非常灵活，
还会尽心打
理皮毛。
这里。
但是它们
经常一不
小心……
弄伤自己。
饲养员看着
有点像爸爸
批评我时的
样子……

海獭
是世界上
**毛发最浓密**
的动物。

它们体内没有厚厚的脂肪，所以全靠身上的毛来御寒。

海獭的毛分为两层。
外层的毛
这里的空气层不会被水打湿，能够维持体温。
内层的毛
每个毛孔里长着70～80根毛。

所以，对海獭来说，每天梳理毛发是性命攸关的大事。

如果海獭的手掌受了伤，血就会沾湿皮毛。

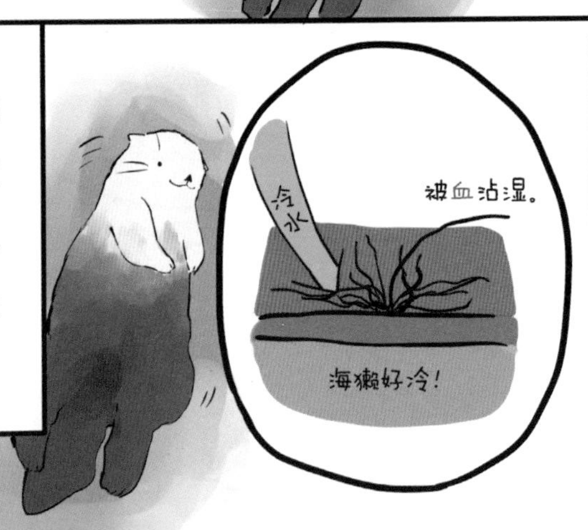


这样一来，水直接接触到皮肤，海獭就会因为失温而死。

伤好之前不能下水！

海獭在水里时，伤口的血不会凝固，愈合得慢，后果会很严重。

所以海獭受伤时是禁止进入水池的。

嘤嘤……

原来如此……

海獭这一身全世界最浓密的毛发，摸起来是什么手感呢？

手感？
呃……
您要摸摸吗？
哇！
可以摸吗？
当然不能直接摸活着的海獭。
也是啊！
于是，饲养员拿出一块海獭的皮毛，让我摸了摸。
好松软……
哇！
好蓬松！
好柔软！
我从来没摸过这么松软的东西，感觉特别顺滑，摸起来舒服极了。
题外话
鸟羽海洋馆的海獭视频最近特别火。大家都说饲养员叔叔好可爱……
嗯。
我就是那个饲养员。
本尊现身！

去鸟羽海洋馆玩……不对，是去工作！

采访结束之后，我自己又在海洋馆里转了一圈。
请一定到处转一转。
太好了！
还有很多别的动物也很聪明，虽然跟海獭不太一样！
哇！这是海牛吧？
你们这样做真的没问题吗？
仰面朝天，沉到水底的海牛。
海牛比我想象中要大多了。
海洋馆里有一条透明隧道，能近距离观察各种海狮。
哇！
我还见到了印太江豚。
与白鲸相比，印太江豚的体形更苗条，颜色接近灰色。

我还看到了期待已久的花斑喙头海豚！太可爱了！我看了好久！
花斑喙头海豚也叫熊猫海豚。
你觉不觉得它长得有点儿像虎鲸？
其他游客
都是黑白两色的。
虎鲸也很可爱啊！
是啊！是啊！
离开鸟羽海洋馆之前，我买了一个花斑喙头海豚的毛绒玩偶。
又大又软，超可爱！
我特别喜欢海洋馆的各种纪念品，看到就想买。
距离下一班电车还有1个小时。
真是一次超级满足的旅行。
鸟羽海洋馆的各位工作人员，谢谢你们！

# 附赠内容

## 如何画动物？

你想把喜欢的动物画下来吗？我教给你一些画动物的技巧！

大家都来画一画吧！

如果一开始就铆足劲儿，要把每一处细节都画好，失败概率会更高！所以一定要先画出整体的轮廓！

首先用铅笔轻轻地勾出草图，要注意控制用笔的力道。

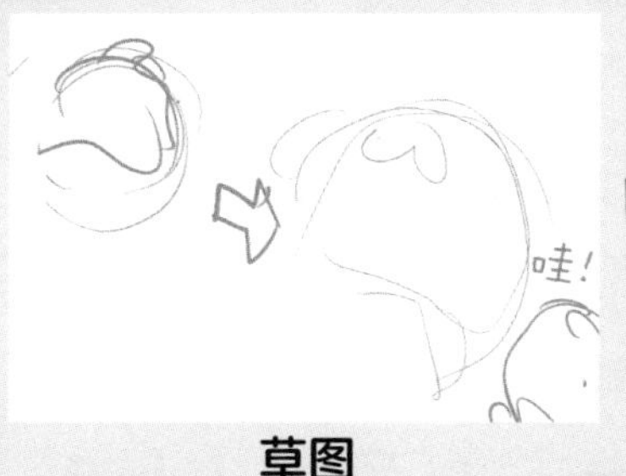


草图

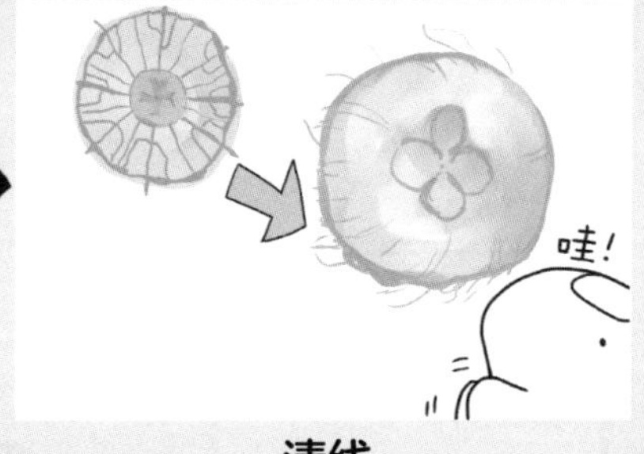


清线

一开始画得又脏又乱都没关系！我每次都是先画草图，再清线。

画好草图之后……

用圆珠笔或签字笔按照草图勾线。

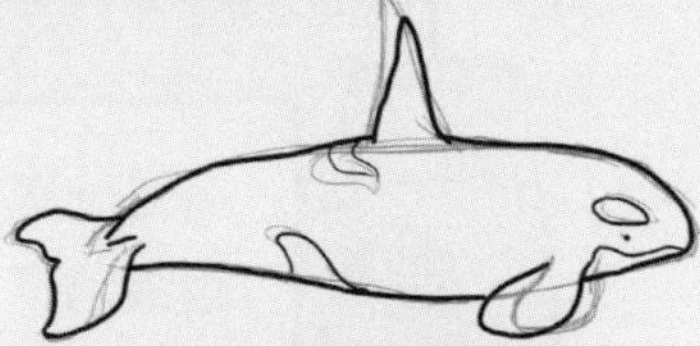

勾线时不必与草图完全重合！可以按照自己的想法灵活调整。

等墨水干了之后擦掉铅笔画的线条。

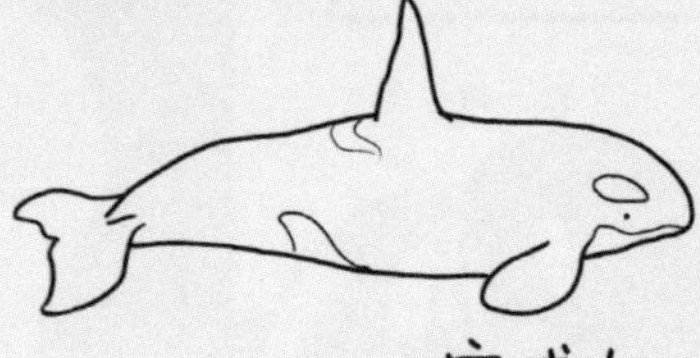

完成！

教你画虎鲸
越画越好的窍门就是
“仔细观察再动笔”。
我一般都是照着模型画。
也可以照着照片画！
背部
肚脐
腹部
雌性虎鲸的腹部
头要画得小一点。
大大的背鳍
雌性虎鲸的背鳍
灰色的鞍斑
大大的胸鳍
涂上黑色，
马上就有了虎鲸的感觉。
尾鳍是横着的。
正面照
全画成黑色的话，眼睛会很不明显，
所以我一般会把虎鲸画成深蓝色。

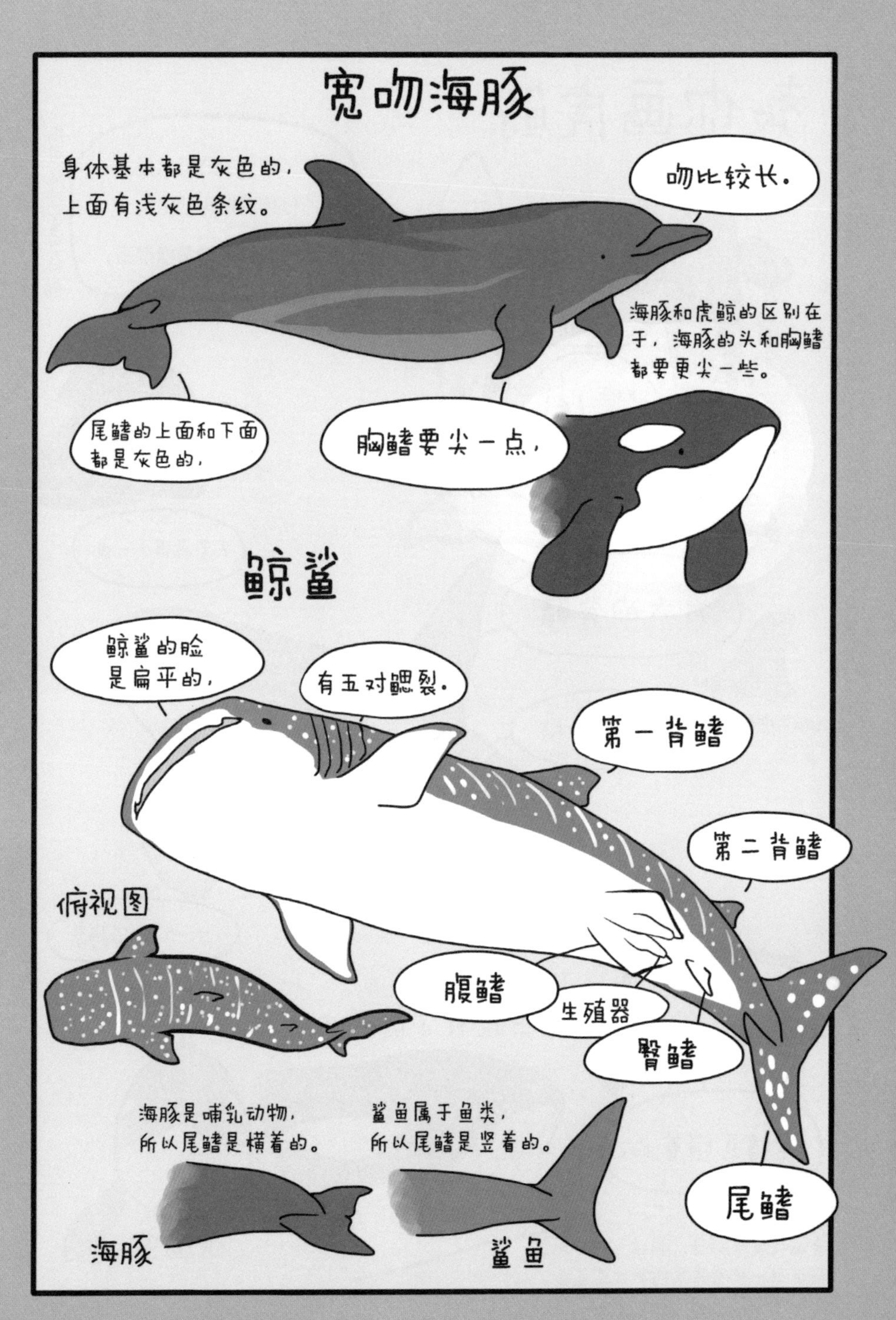
宽吻海豚
身体基本都是灰色的，
上面有浅灰色条纹。
吻比较长。
海豚和虎鲸的区别在
于，海豚的头和胸鳍
都要更尖一些。
尾鳍的上面和下面
都是灰色的，
胸鳍要尖一点，
鲸鲨
鲸鲨的脸
是扁平的，
有五对鳃裂。
第一背鳍
第二背鳍
俯视图
腹鳍
生殖器
臀鳍
尾鳍
海豚是哺乳动物，
所以尾鳍是横着的。
鲨鱼属于鱼类，
所以尾鳍是竖着的。
海豚
鲨鱼

帝企鹅
帝企鹅的整体
像一个三角形。
头要画得小一点，
肚子和背部画得大一些。
内侧是白色的，
帝企鹅脖子
上的黄色斑纹
与肚子连在一起。
喙比较小，
头部的颜色有
一些渐变效果。
后面
这本书上的漫画
是用电脑画的，
不过平时我会
用颜料在
纸上画。
画好后，一定要
涂上颜色看一看。
即使手边没有彩色铅笔或颜料，
只用签字笔涂色也会很好看！

# 后记

“喜欢”的表达方式有很多种。

成为饲养员，拍照片，经常去看望它们……这些方法都能很好地表达对海洋馆和动物的喜爱之情。

虽然我不直接与动物打交道，工作也都是在家里完成的，但我可以用手中的画笔向大家展示海洋馆的魅力。对我而言，这就是最理想的工作。

如果这本书能让你更喜欢动物，我会感到十分荣幸！

松尾虎鲸

2020年7月

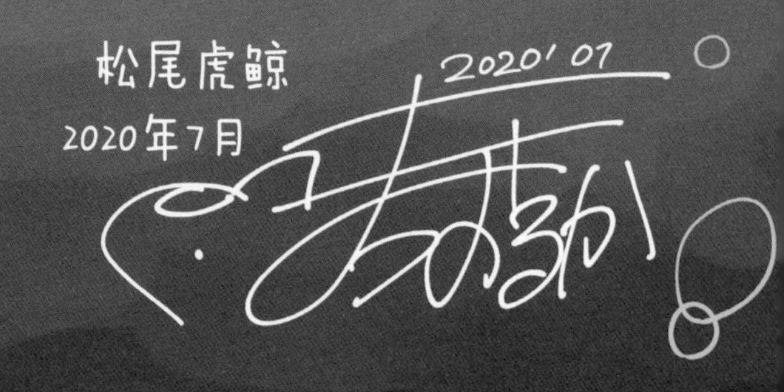

**图书在版编目（CIP）数据**

我太爱海洋馆了 /（日）松尾虎鲸文、图；肖潇译 . – 合肥：安徽美术出版社，2023.11
（海洋动物爆笑漫画）
ISBN 978-7-5745-0218-5

Ⅰ . ①我… Ⅱ . ①松… ②肖… Ⅲ . ①海洋生物 – 动物 – 儿童读物 Ⅳ . ① Q95-49

中国国家版本馆 CIP 数据核字 (2023) 第 140759 号



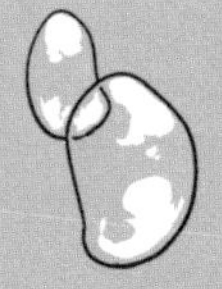

**海洋动物爆笑漫画 我太爱海洋馆了**
HAIYANG DONGWU BAOXIAO MANHUA WO TAI AI HAIYANGGUAN LE!　[日]松尾虎鲸 文/图　肖潇 译

出 版 人：王训海　　特约编辑：李朝昱
责任印制：欧阳卫东　　装帧设计：李小茶
责任编辑：张霄寒　　审　　校：罗心宇
责任校对：陈芳芳
出版发行：安徽美术出版社
地　　址：合肥市翡翠路 1118 号出版传媒广场 14 层
邮　　编：230071
印　　制：北京汇瑞嘉合文化发展有限公司
开　　本：880mm × 1230mm　1/32
印　　张：4
版(印)次：2023 年 11 月第 1 版　2023 年 11 月第 1 次印刷
书　　号：ISBN 978-7-5745-0218-5
定　　价：45.00 元